# 塔式起重机安拆手册

▶ 厦门市住房和建设局 组织编写

▶ 厦门市建设工程质量安全站 主编

厦门大学出版社
国家一级出版社
全国百佳图书出版单位

图书在版编目（CIP）数据

塔式起重机安拆手册 / 厦门市住房和建设局组织编写；厦门市建设工程质量安全站主编. -- 厦门：厦门大学出版社，2025. 3. -- ISBN 978-7-5615-9705-7

Ⅰ. TH213.306.6-62

中国国家版本馆 CIP 数据核字第 202502NX85 号

责任编辑　李峰伟
美术编辑　李嘉彬
技术编辑　许克华

出版发行　*厦门大学出版社*
社　　址　厦门市软件园二期望海路 39 号
邮政编码　361008
总　　机　0592-2181111　0592-2181406（传真）
营销中心　0592-2184458　0592-2181365
网　　址　http://www.xmupress.com
邮　　箱　xmup@xmupress.com
印　　刷　厦门金凯龙包装科技有限公司

开本　889 mm×1 194 mm　1/16
印张　10.5
字数　270 千字
版次　2025 年 3 月第 1 版
印次　2025 年 3 月第 1 次印刷
定价　158.00 元

本书如有印装质量问题请直接寄承印厂调换

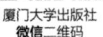

# 《塔式起重机安拆手册》编委会

| | |
|---|---|
| 主 任 委 员 | 苏青云 |
| 委 员 | 黄 山　蔡森林　周天明　张聪凌　谢国栋 |
| 主 编 | 蔡森林 |
| 副 主 编 | 周天明　谢国栋 |
| 参 编 人 员 | 徐略阳　林荣坦　林 丽　杨江伟　刘化民　李福南　林汉煌　吴钟铭 |
| | 高航宇　张 会　赖木火　王栋梁　林 懿　谢宇翔　刘伟杰　陈进忠 |
| 审 定 人 员 | 林海明　林瑞良　林丁未　陈丁灿　侯惠明　钟水平　曾炬炜 |

| | |
|---|---|
| 组织编写单位 | 厦门市住房和建设局 |
| 主 编 单 位 | 厦门市建设工程质量安全站 |
| 参 编 单 位 | 厦门市建筑材料行业协会 |
| | 中建四局建设发展有限公司 |
| | 厦门市捷安建设集团有限公司 |
| | 中环建（厦门）建设集团股份有限公司 |
| | 厦门威格斯机械设备有限公司 |
| | 厦门浦合机械有限公司 |
| | 湖北江汉建筑工程机械有限公司 |
| | 中联重科建筑起重机械有限责任公司 |
| | 厦门宏杭建筑机械设备安全检测有限公司 |

# 序

安全生产是永恒的主题。它是人们生命健康最基本的保障，是社会稳定和经济发展最重要的前提。当前，厦门正奋力开拓新时代高质量发展的新征程，安全生产始终是最重要的保障。

塔式起重机是建筑施工中常见的大型机械设备，在城市建设和发展中扮演着重要的角色，是推动城市发展不可或缺的工具之一。然而，塔式起重机普遍机身较高，拆、装、转移较烦琐，具有专业性强、危险性大的特点，给施工安全带来一定挑战，如若操作不当或违章安拆，很有可能发生倾覆等机毁人亡的严重事故，直接影响人民群众生命财产安全和社会大局稳定。

为此，厦门市住房和建设局、厦门市建设工程质量安全站专门组织相关建机一体化企业、塔机制造厂家编写了《塔式起重机安拆手册》，这是当前建筑起重机械安全生产管理的迫切需要，也是厦门市建机专业精细化管理的生动体现。

该手册内容丰富、图文并茂、重点突出，具有较强的创新性、可操作性和实用性，对促进安拆作业清单化、模块化、标准化，实现人岗技能匹配，保障现场施工安全具有重要意义，填补了省内塔式起重机操作指南类手册的空白。希望通过本手册的普及和使用，能有效降低塔式起重机安装拆卸过程中事故的发生率，保护人民群众生命财产安全，发挥良好的社会和经济效益。

最后，我向所有为这本手册付出辛勤努力的专家、学者、技术人员以及长期奋斗在工程建设一线的从业人员致以崇高的敬意！

2024年9月

# 目录

第一章　基本规定 ............................................................. 1

第二章　塔式起重机的选型与定位 ........................... 3

　一、塔式起重机的选型 ............................................. 5

　　（一）施工起重物的吊重、吊距和吊装高度的基本要求 ......... 5

　　（二）首次安装最大高度的要求 ................................. 6

　　（三）群塔交叉作业的要求 ....................................... 7

　　（四）施工进度、工序、施工净空间的要求 ..................... 9

　　（五）塔机稳定性的要求 ......................................... 10

　　（六）不同吨位的选型分析建议（两种方式） ................. 11

　二、塔式起重机的定位 ............................................. 12

　　（一）全局吊运作业的要求 ....................................... 12

　　（二）基础选型的要求 ............................................. 13

　　（三）永久性结构的要求 ......................................... 14

　　（四）附着装置的要求 ............................................. 15

　　（五）拆除的要求 ..................................................... 17

　　（六）施工环境的安全要求 ....................................... 18

第三章　辅助起重机械吊装安全 ................................. 19

　一、零部件的布置 ....................................................... 20

　二、辅助机械起重吊装行走路线 ............................... 21

　三、辅助机械起重吊装站位 ....................................... 22

　四、辅助机械选型 ....................................................... 24

　五、安全区域设置要求 ............................................... 26

第四章　平臂外套架式塔式起重机（平头、锤头）安装 ... 27

　一、安装前准备 ........................................................... 29

　　（一）基础核查 ......................................................... 29

　　（二）其他准备 ......................................................... 31

　二、基本架设高度安装 ............................................... 32

　　（一）塔身安装 ......................................................... 32

　　（二）大臂安装 ......................................................... 38

　　（三）钢丝绳安装 ..................................................... 43

　　（四）电气与安全装置安装与调试 ........................... 44

　三、顶升加节 ............................................................... 47

　　（一）顶升加节原理 ................................................. 47

　　（二）顶升加节步骤 ................................................. 48

　四、附着安装 ............................................................... 57

## 第五章　平臂外套架式塔式起重机（平头、锤头）拆卸·········59
### 一、拆卸前准备·········61
### 二、顶升降节·········62
（一）顶升降节原理·········62
（二）顶升降节步骤·········63
### 三、附着拆卸·········74
### 四、辅助拆卸·········75
（一）钢丝绳拆卸·········75
（二）电气拆卸·········76
（三）大臂拆卸·········77
（四）塔身拆卸·········82

## 第六章　平臂外套架式塔式起重机安装模块化标准作业·········87
### 一、一般规定·········89
### 二、安装作业流程图·········90
### 三、安装作业模块·········91
（一）基本架设高度安装作业模块·········91
（二）顶升加节模块·········93
（三）附着安装模块·········96
### 四、操作面带班核查表·········97
（一）基本高度安装核查表·········97
（二）顶升加节重要节点核查表·········99

（三）附着安装重要节点核查表·········101

## 第七章　平臂内顶式塔式起重机安装·········103
### 一、安装前准备·········105
（一）基础核查·········105
（二）其他准备·········105
### 二、基本架设高度安装·········105
（一）塔身安装·········105
（二）大臂安装·········110
（三）钢丝绳安装·········110
（四）电气与安全装置安装与调试·········110
### 三、顶升加节·········111
（一）顶升加节原理·········111
（二）顶升加节步骤·········112
### 四、附着安装·········120

## 第八章　平臂内顶式塔式起重机拆卸·········121
### 一、拆卸前准备·········123
### 二、顶升降节·········123
（一）顶升降节原理·········123
（二）顶升降节步骤·········124
### 三、附着拆卸·········130

四、辅助拆卸 ··········130

## 第九章　动臂式内爬塔式起重机安拆 ··········131

一、动臂式塔机结构及优点 ··········133

（一）动臂塔结构 ··········133

（二）动臂塔优点及适用场合 ··········134

二、安装前准备 ··········135

三、基本架设高度安装 ··········136

四、外附式顶升 ··········147

五、内爬式顶升 ··········147

（一）内爬式顶升原理 ··········147

（二）内爬式顶升步骤 ··········148

六、动臂塔机拆卸 ··········156

# 第一章 基本规定

## 塔式起重机安拆手册

**塔式起重机（又称塔机）的基本规定如下：**

（1）塔式起重机安装、拆卸单位的资质应符合住房和城乡建设部《建筑业企业资质标准》的要求，在资质许可范围内承揽业务，配备合格的岗位人员，建立健全质量安全管理保证体系和质量安全管理制度，服从施工总承包单位的安全生产管理。

（2）塔式起重机安装、拆卸专项施工方案应分开编制，应有明确组织机构和技术措施，形成安拆作业流程清单，借鉴本手册作业模块，实行操作面带班核查制度和标准化施工，有利于保障安全生产。

（3）塔式起重机械首次安装、附着安装和拆卸前实行安拆施工前条件核查制度，由项目经理、总监理工程师组织落实实施，规范指挥和分工协作，施工前条件核查或检查不通过的，严禁施工。

（4）塔式起重机械安装和拆卸作业面实行建机一体化管理人员带班和操作班组长联防联控制度，其在全作业过程中不应离开操作面。

（5）塔式起重机安装拆卸工、司机、信号司索工等特种作业人员应符合福建省《建筑起重机械安全管理标准》相关规定，且必须持证上岗。严禁非特种作业人员操作塔式起重机和辅助起重设备。

（6）施工总承包和监理单位应按规定全程落实安拆监控和旁站工作，重点落实关键岗位人员带班和操作班组长全程到岗、回转下支座与塔身标准节的连接作业工序和各工序的顶升配平情况。

（7）严禁安装有较大结构缺陷的、工装不符要求和连接不可靠的构配件。

（8）安拆时严禁不同班组的交叉作业；一个工序未完成作业时，严禁进入下一道工序。

（9）安装与拆卸作业的安全技术措施差异较大，具有倾翻结构的拆除，应事先落实结构的平衡措施，防止倾覆坠落。

（10）作业过程应配备各种突发险情的应急措施，并按规定实行响应、处置、应急救援和恢复。

（11）塔式起重机安装、拆卸专项施工方案的编制、实施和安全技术交底等应符合国家、省、市相关规定。

（12）本手册适用于厦门行政区域内建设工程的塔式起重机安装、拆卸作业。工程项目所采用的技术方法和措施是否符合本手册要求，由相关责任主体判定，其中，创新性的技术方法和措施，应进行论证并符合技术标准的规定。

# 第二章 塔式起重机的选型与定位

✦ 提示：

塔式起重机的选型与定位是一项技术性较强的工作，它关系到整个项目的施工进度（体现在型号、数量和位置满足施工作业需求上）、使用安全（体现在群塔作业防碰撞要求和附着的安全性上）、拆卸安全（体现在不能自降节而进行的高空解体上）和拆卸成本（体现在使用大吨位辅助汽车吊进行拆除上），是塔机重大安全隐患的一个源头，应当予以高度重视。它的总体原则是适用性、安全性、经济性。

# 一、塔式起重机的选型

### （一）施工起重物的吊重、吊距和吊装高度的基本要求

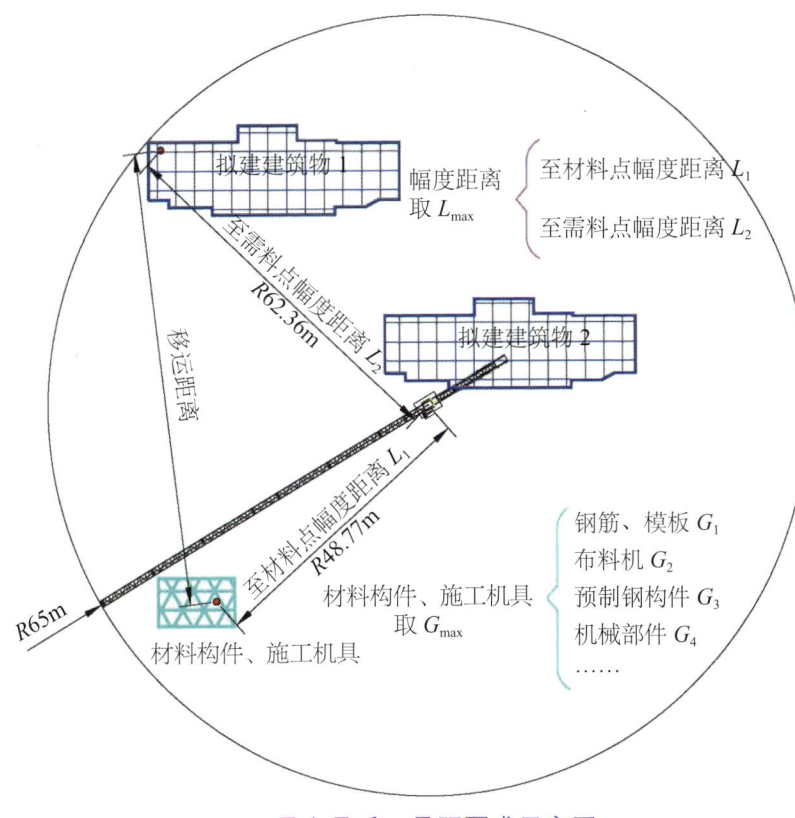

◎ 最大吊重、吊距要求示意图

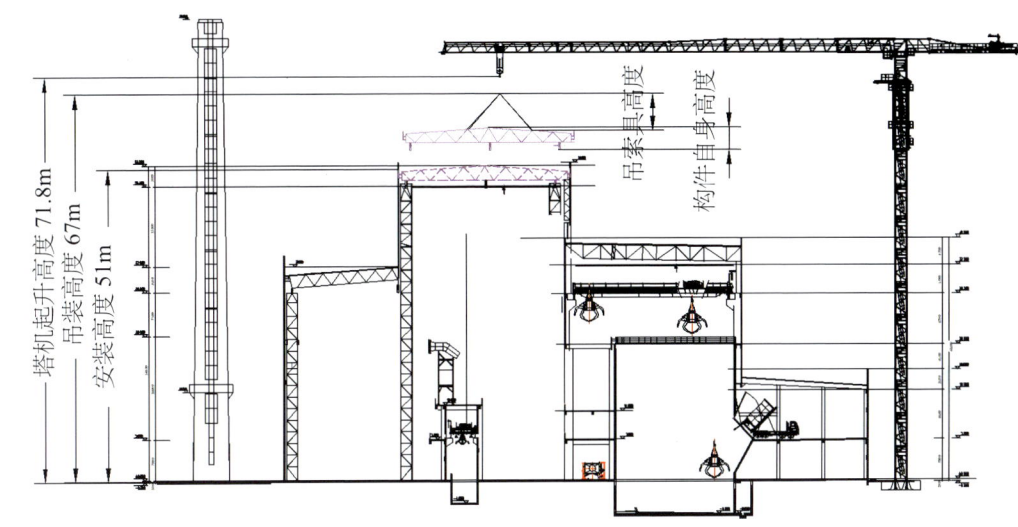

◎ 最大吊装高度要求示意图

塔机起升高度＞吊装高度＞安装点高度

**说明：**
塔机选型应首先满足 3 个最基本工况要求，即材料的最大吊重、最大吊距和最大吊装高度。

**注意：**
有多处材料点，应取同一处材料的起重力矩 $Q_1=L_{1max} \cdot G_{1max}$；另一处材料点 $Q_2=L_{2max} \cdot G_{2max}$，依此类推，得到（$Q_1$，$Q_2$，$Q_3$，…），取其 $Q_{max}$ 为塔机吨位选择依据（左图）。

在某些不具备附着条件的工程上的塔机选型，材料的最大吊装高度成为优先要满足的条件之一（右上图）。

## （二）首次安装最大高度的要求

首次安装距高压线安全距离表

| 电压 /kV | <1 | 1～15 | 20～40 | 60～110 | 220 |
|---|---|---|---|---|---|
| 沿垂直方向 /m | 1.5 | 3.0 | 4.0 | 5.0 | 6.0 |
| 沿水平方向 /m | 1.0 | 1.5 | 2.0 | 4.0 | 6.0 |

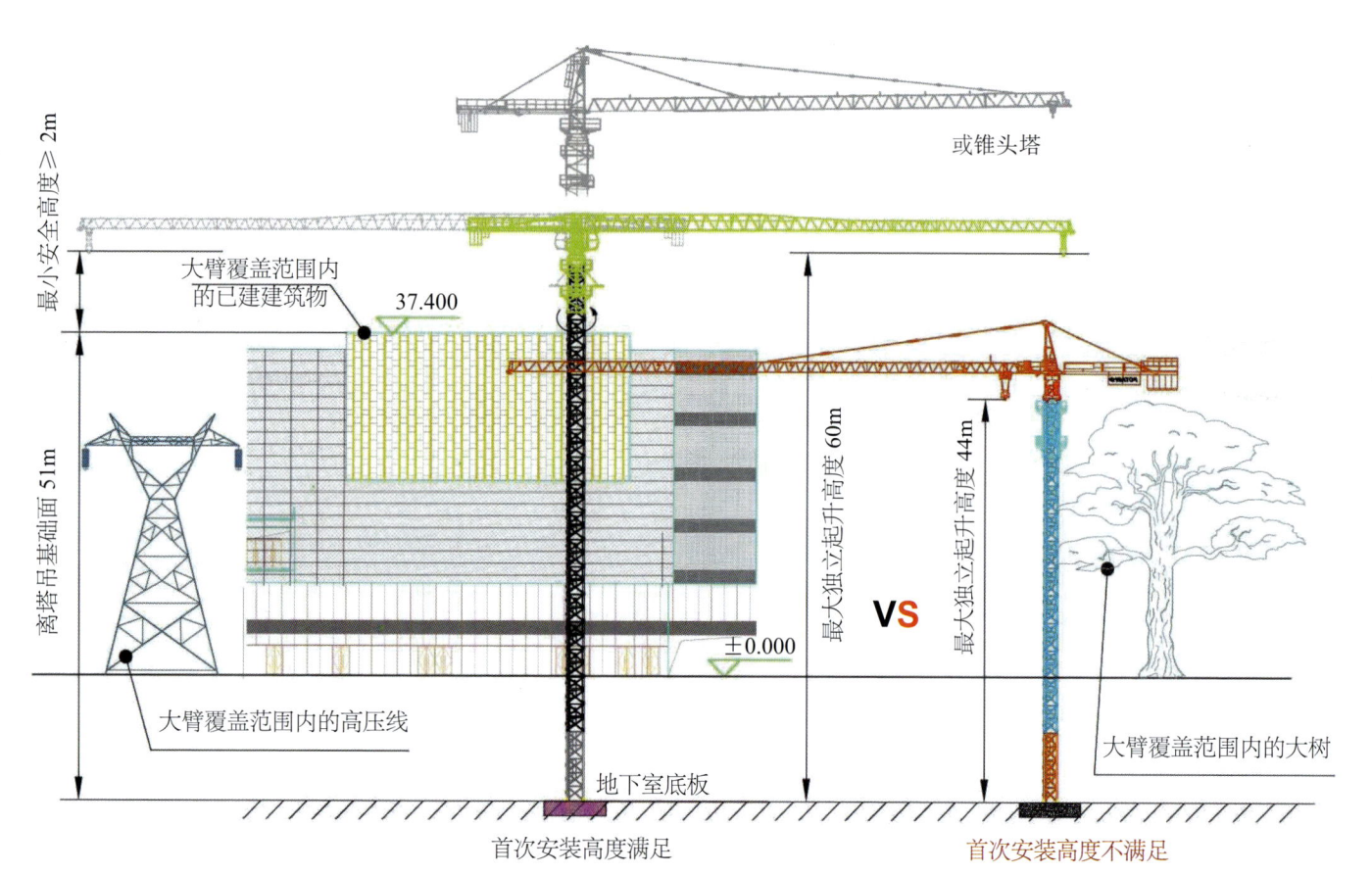

首次安装最大独立高度要求：

（1）能实现360°回转且与已建、在建建筑物，山体，大树，高压线（安全距离见上表），施工设备等至少保持2m的安全距离。

（2）台风期间，需以最大独立高度安装的塔机，所选机型的高度应能满足福建省建筑起重机械防台风的相关规定。

（3）沿街建筑施工塔机应登记、造册、建档，并全年按防台风要求执行。

◎ 首次安装安全高度要求示意图

## (三) 群塔交叉作业的要求

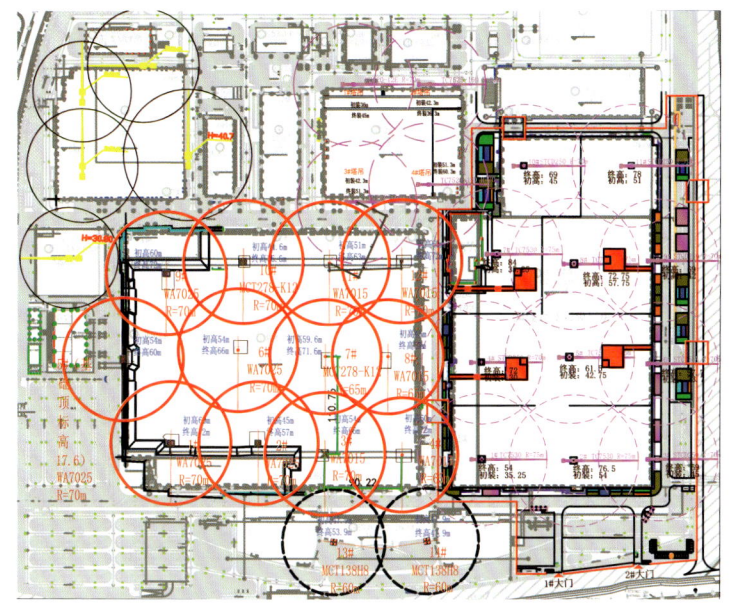

◎ 数量众多呈网状的群塔交叉作业示意图

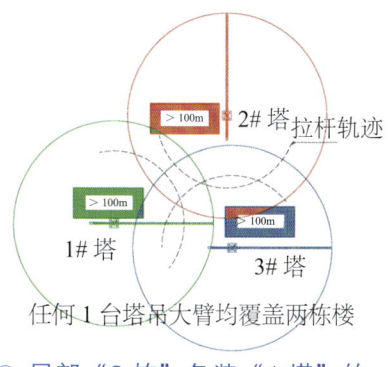

◎ 局部"3栋"各装"1塔"的群塔交叉作业示意图

任何1台塔吊大臂均覆盖两栋楼

**说明：**

在数量众多呈网状的群塔交叉作业环境中，通过右下立面图对比，如采用锤头塔，单台塔机与相邻塔机直线距离小于两塔各自长拉杆水平投影长度和，就会造成彼此大臂与拉杆之间安全距离不足，需要比平头塔多增加1～2个塔身节实现，否则易造成相邻塔机安全距离不足，且影响施工垂直作业空间。

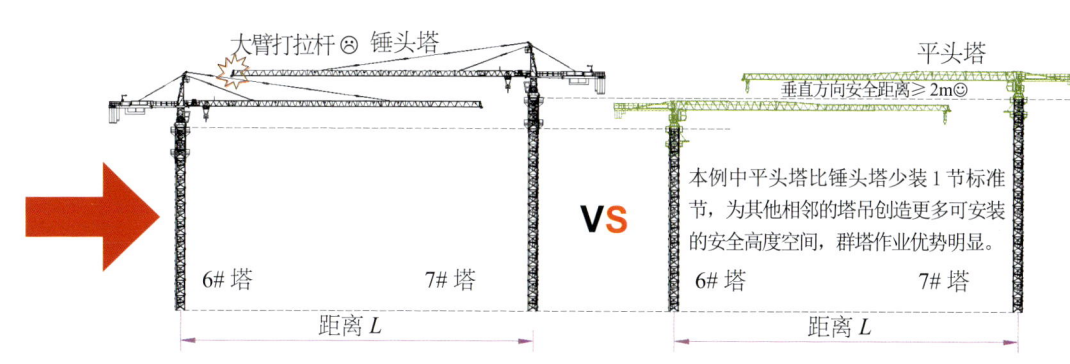

◎ 锤头塔和平头塔安全高度对比示意图

**说明：**

将工程局部3栋楼的3台塔机设置成如左图的形式，形成"最低1台塔机的最大安装高度决定了其建筑物的施工高度，建筑物的最大施工高度又制约了塔机的附着顶升，塔机的顶升受限又制约了施工高度和进度"的恶性循环。

解决方法：在塔机安装前，应尽量不布置成群塔作业形式，通过将塔机安装臂长减短或移位的方法，减少3台塔机之间交集，互相不干涉，以便于附着顶升。

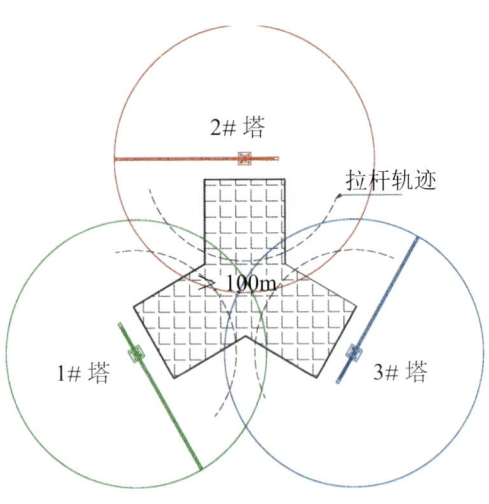

## 塔式起重机安拆手册

◎ 单栋"3塔"群塔交叉作业示意图

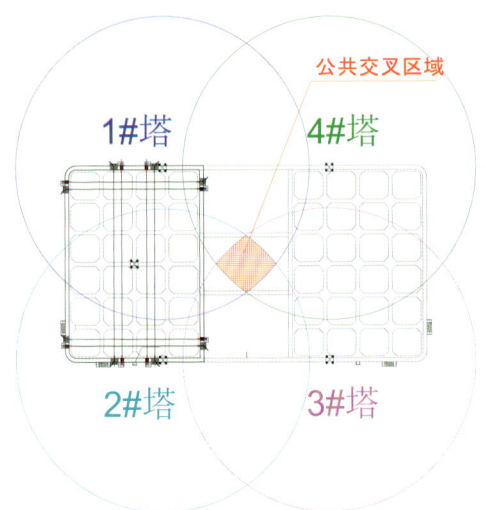

◎ 4台以上塔机存在共同交叉作业区域示意图

**说明：**

如左上图所示，单栋建筑物安装3台塔机，塔机使用过程中，互相之间错开协调作业困难。

解决方法：3台塔机起重臂采用截臂安装，减少交叉作业区域或用安装1~2台拥有更大覆盖范围能力的大吨位塔机替代。

**说明：**

4台以上塔机存在公共交叉区域，专项施工方案应按规定组织专家技术论证。

此类情况选择平头式塔机应具备一定的独立高度、自由端高度。

◎ 塔机交叉作业安全距离不足实例

**说明：**

当群塔作业不可避免地出现以上4种类似的情形时，应尽量选择抗风能力强、独立高度大和自由端高度高（如独立高度≥60m）的平头式大吨位塔机，以提升群塔作业垂直方向的作业空间，避免因选择小型锤头塔，造成因施工安全高度不足而频繁增加临时附着装置、延缓施工进度或违规超过自由端高度使用的情况。

## （四）施工进度、工序、施工净空间的要求

核心筒施工进度超前实例

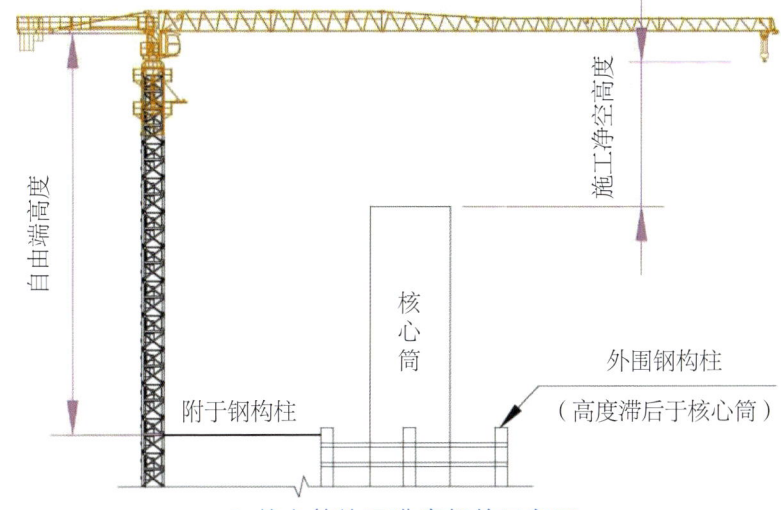

核心筒施工进度超前示意图

**说明：**

（1）采用爬架、铝模的建筑工程宜选用 1.8m×1.8m 截面的塔机。

（2）核心筒结构工程应考虑可供塔机附着的外围建筑结构、核心筒施工进度和塔机最大自由端高度，以及本项目标段塔机安装时相对其他标段进度已滞后的项目，建议选择附着自由端高度相对较高的机型，以保证有足够的施工净空高度。

（3）附着水平距离超长影响自由端高度等。

### （五）塔机稳定性的要求

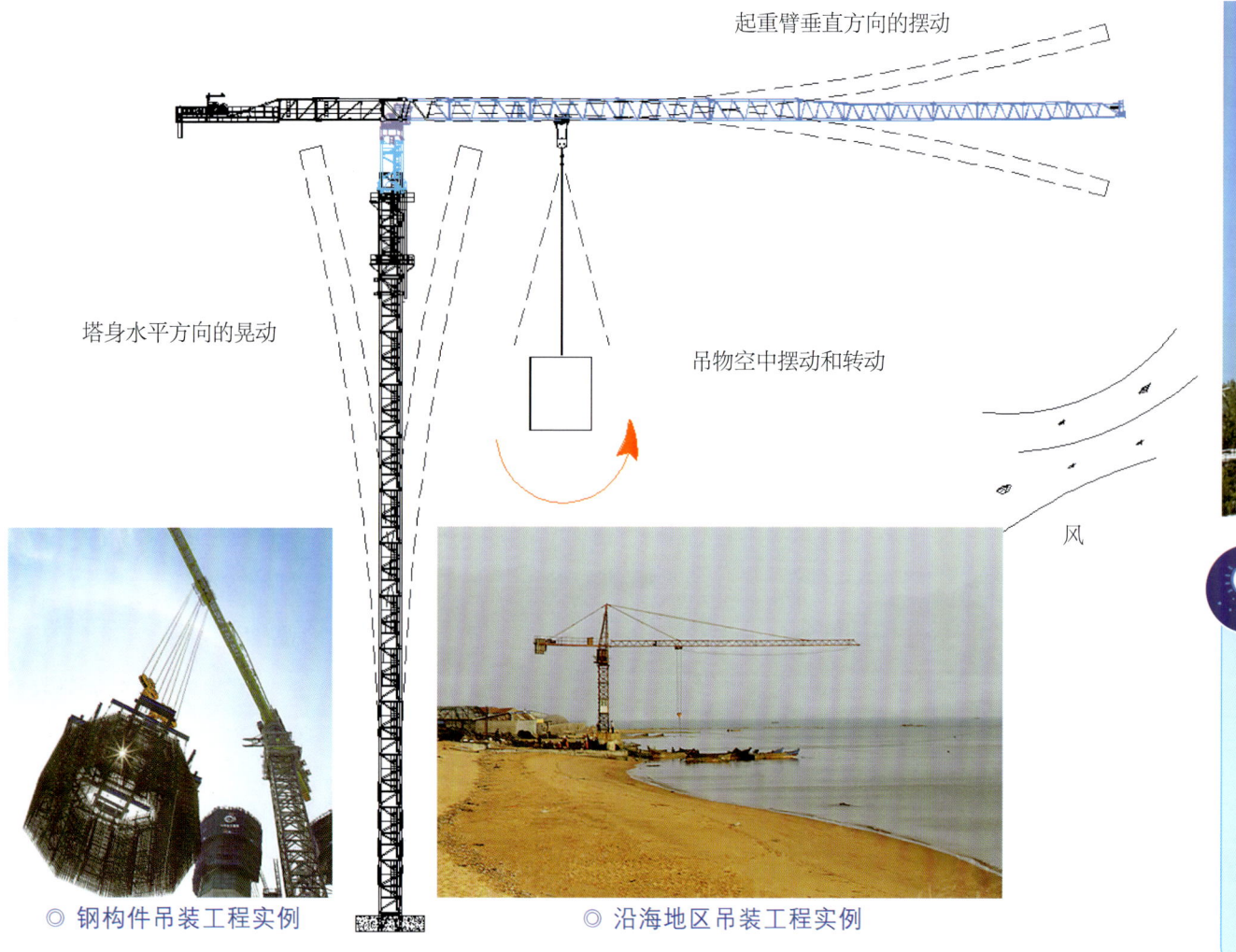

起重臂垂直方向的摆动

塔身水平方向的晃动

吊物空中摆动和转动

风

◎ 失稳实例

◎ 钢构件吊装工程实例

◎ 沿海地区吊装工程实例

◎ 影响吊装作业稳定性因素示意图

**说明：**

（1）实现装配式预制构件和较大吨位的劲性钢柱构件的精准平稳吊装和悬空装配作业，塔机整体稳定性是关键。

（2）长期处于高盐、高湿的环境中，塔机容易生锈、腐蚀。如风力较大的海边建设工程，塔机的整体稳定性是长期使用的安全保障。

## （六）不同吨位的选型分析建议（两种方式）

### 第一种方式（QTZ80）：

| 指标 | 最大独立高度 /m | 最高高度（附着）/m | 总功率 /kW | 平衡质量 /t | 平衡臂 /m | 标准节参数 ||||
|---|---|---|---|---|---|---|---|---|---|
| | | | | | | 截面尺寸 /m | 高度 /m | 加强节每米含钢量 /kg | 标准节每米含钢量 /kg |
| 1 | 40.5 | 220 | 35.3 | 15.3 | 12.24 | 1.6×1.6 | 2.8 | 364 | 305 |
| 2 | 40.5 | 161 | | 13.8 | 13.58 | 1.6×1.6 | 2.8 | 288 | 288 |
| 3 | 40.5 | 160 | 31.7 | 15.1 | 12.2 | 1.643×1.643 | 2.8 | 352 | 318 |
| 4 | 40.5 | 140 | 34.7 | 16.8 | 13 | 1.645×1.645 | 2.8 | 286 | 320 |
| 5 | 40.5 | 170 | 33.3 | 16.96 | 12.9 | 1.6×1.6 | 2.5 | 390 | 346 |

经结构每延长米含钢量比对，选择 5 优先，3 次之

### 第二种方式（QTZ160）：

| 起重力矩 /(t·m) | 最大独立高度 /m | 静态刚性 (≤1.34%) | 最大臂长 /m | 标准节参数 |||||
|---|---|---|---|---|---|---|---|---|
| | | | | 标准节类别 | 标准节数量 /个 | 标准节截面 /m | 主弦杆规格 /cm | 主弦杆材质 | 主弦杆壁厚 /mm |
| 160 | 46 | 1.08 | 65 | 基础节 | 1 | 1.6 | 180×180 | Q355B | 18 |
| | | | | 加强节 | — | — | — | — | — |
| | | | | 标准节 | 12 | 1.6 | 180×180 | Q355B | 18 |
| 160 | 46 | 0.98 | 65 | 基础节 | 1 | 1.8 | 135×135 | Q355B | 14 |
| | | | | 加强节 | 3 | 1.8 | 135×135 | Q355B | 14 |
| | | | | 标准节 | 12 | 1.8 | 135×135 | Q355B | 12 |
| 160 | 47.5 | 1.29 | 65 | 基础节 | 1 | 1.8 | 角钢125扣方 | Q355B | 12 |
| | | | | 加强节 | 4 | 1.8 | 角钢125扣方 | Q355B | 12 |
| | | | | 标准节 | 11 | 1.8 | 135×135 | Q355B | 12 |
| 160 | 48 | 0.68 | 65 | 基础节 | 1 | 1.88 | 180×180 | Q355B | 18 |
| | | | | 加强节 | — | — | — | — | — |
| | | | | 标准节 | 13 | 1.8 | 180×180 | Q355B | 18 |
| 160 | 45 | 1.02 | 65 | 基础节 | 1 | 1.8 | 135×135 | Q355B | 12 |
| | | | | 加强节 | — | — | — | — | — |
| | | | | 标准节 | 13 | 1.8 | 135×135 | Q460C | 12 |
| 160 | 60 | 1.25 | 65 | 基础节 | 1 | 2.0 | 200×200 | Q355 | 26 |
| | | | | 加强节 | — | 2.0 | 200×200 | Q355B | 20 |
| | | | | 标准节 | 14 | 2.0 | 200×200 | Q355B | 20 |

**说明：**

在相同型号下，按结构优先原则。

首先，较大标准节截面优先；其次，标准节每延长米含钢量或主肢杆规格尺寸大者优先；最后，优质塔机品牌制造商或相对技术成熟、操作可靠的塔机优先。

# 二、塔式起重机的定位

## （一）全局吊运作业的要求

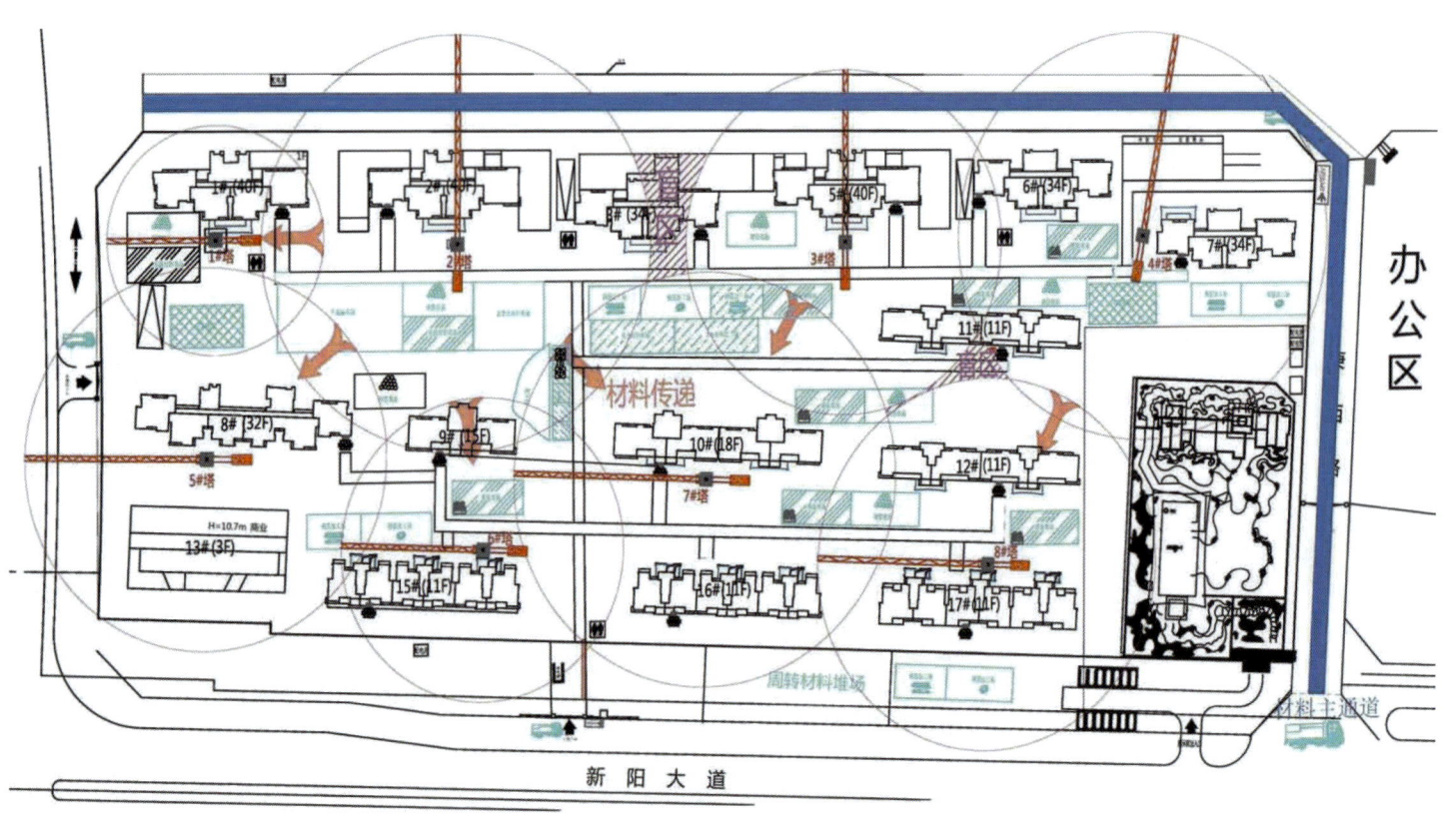

◎ 整体定位满足材料在塔机之间互相传递示意图

> **说明：**
> 塔机的整体部署应结合工程特点，以有利于将施工机具、材料从主施工通道、预制加工场、材料堆放点和仓库等吊运至拟建建筑物上方，方便、快捷地输送到各个施工角落。

## （二）基础选型的要求

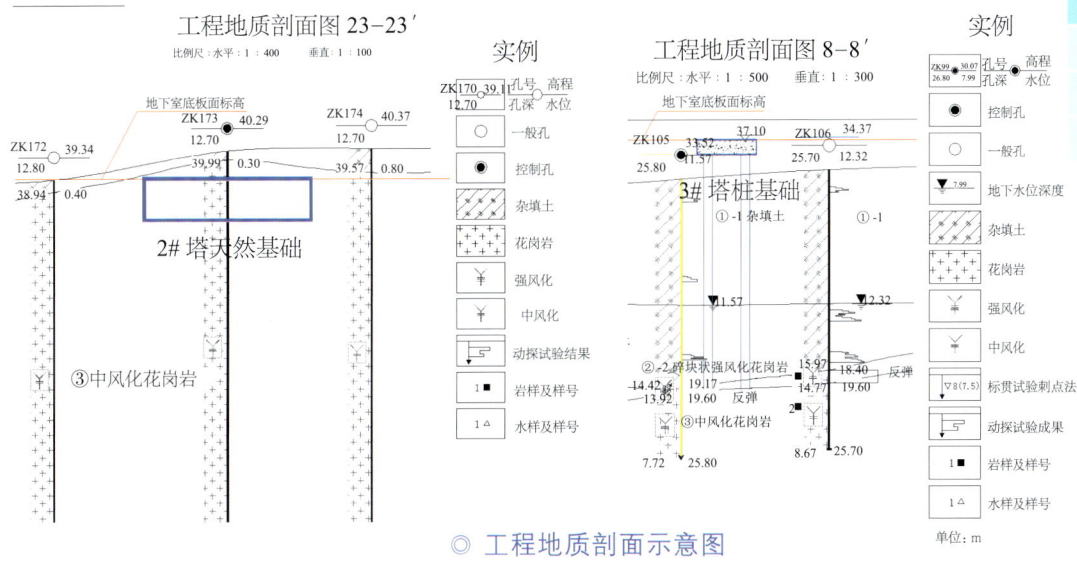

**2#、3#塔机使用说明书要求的耐力值**

| L/mm | H/mm | 上下层筋 /mm | 地耐力 /MPa | 混凝土 /m³ | 质量 /t | 架力筋 |
|---|---|---|---|---|---|---|
| 7000 | 1400 | 纵横向各 41-Φ25 | ≥ 0.2 | 68.6 | 164 | 441 |
| 7500 | 1400 | 纵横向各 41-Φ25 | ≥ 0.15 | 78.8 | 189 | 441 |
| 8000 | 1400 | 纵横向各 41-Φ25 | ≥ 0.12 | 89.6 | 215 | 441 |

◎ 工程地质剖面示意图

基础选型分析：2# 塔基础承台底部为中风化花岗岩（天然地基承载力特征值 3000kPa），可采用独立天然基础。3# 塔基础底部为杂填土层（天然地基承载力特征值 50kPa），地质条件差，可采用桩基础，并附有抗倾覆和桩基承载力的相关验算，据此确定桩长。

综上，塔机在同一工程不同位置因地质条件不同，应根据地勘报告和机型分析后选择基础形式，并按《塔式起重机混凝土基础工程技术标准》（JGJ/T 187）要求施工。

**各岩土层主要设计参数建议值**

| 岩土层名称及编号 | 天然重度 γ kN/m³ | 压缩模量 $E_{s1-2}$ MPa | 变形模量 $E_0$ MPa | 基床系数 K kN/m³ | 直剪快剪 内聚力 C kPa | 直剪快剪 内摩擦角 Φ 度 | 与锚固体黏结强度标准值 $f_{rb}$ kPa | 天然地基承载力特征值 $f_{ak}$ kPa | 岩石饱和单轴抗压强度 MPa |
|---|---|---|---|---|---|---|---|---|---|
| 杂填土①-1、填石①-2 | 17.0* | 2.0* |  | 0.2×10⁴ | 6.0* | 10.0* | 15 | 50 |  |
| 砂土状强风化花岗岩②-1 | 20.5* | 30.0* | 55.0* | 8.0×10⁴ | 28.0* | 30.0* | 160 | 500 |  |
| 碎块状强风化花岗岩②-2 | 22.5* | 50.0* | 100* | 2.0×10⁵ | 30.0* | 35.0* | 250 | 800 | 10.41 |
| 中风化花岗岩③ | 25.0* |  |  |  | 50.0* | 38.0* | 400 | 3000 | 49.05 |

注：* 代表经验值。

◎ 基础抗倾覆能力不足实例

### （三）永久性结构的要求

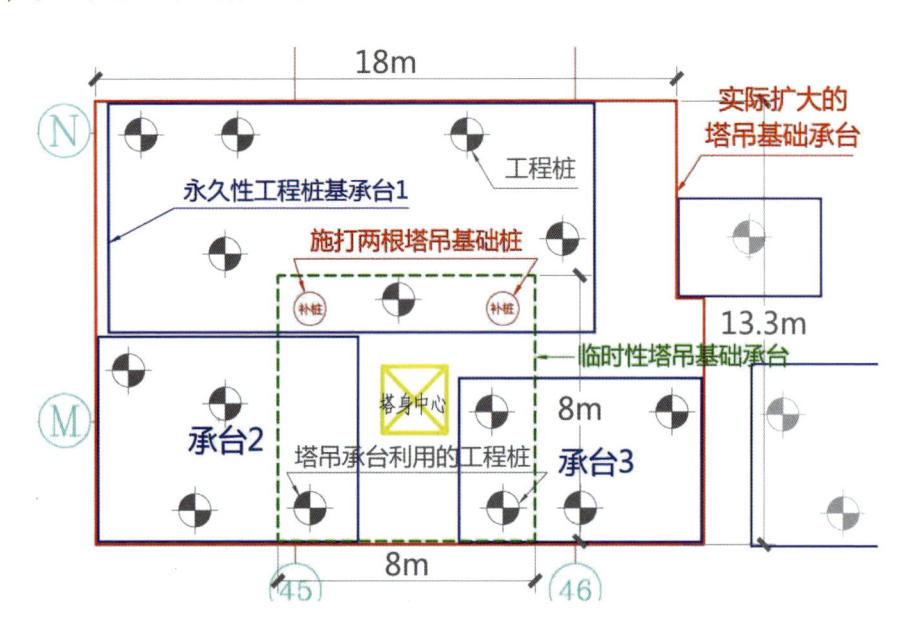

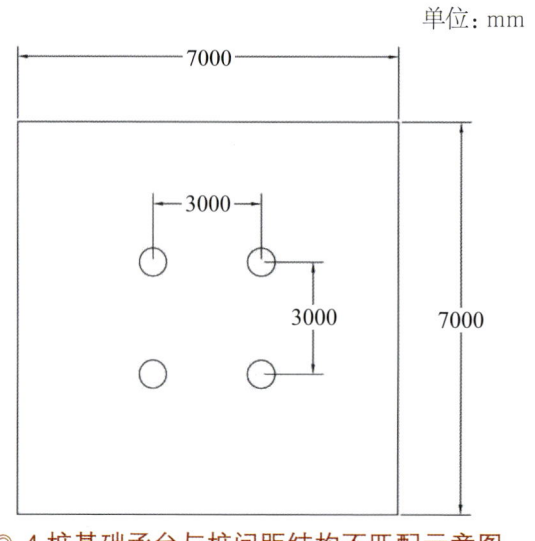

◎ 永临结合示意图

◎ 4桩基础承台与桩间距结构不匹配示意图

◎ 单桩基础失稳实例

**说明：**

（1）塔机基础如与永久性结构相邻，可考虑永临结合，并以满足永久性结构优先（如左上图所示）。

（2）塔机基础不应设在后浇带、伸缩缝等影响主体结构沉降的位置。

（3）格构柱式基础应避开顶板的主梁，且与地下室柱体、墙体保持一定的安全距离，施工时应有防扭等定位措施。

（4）塔机基础原则上与围护结构等重大危险源应保持受力结构相对独立，避免危险源叠加，如电梯井、集水坑等。

（5）避免管桩基础开挖后，管桩外露。

## （四）附着装置的要求

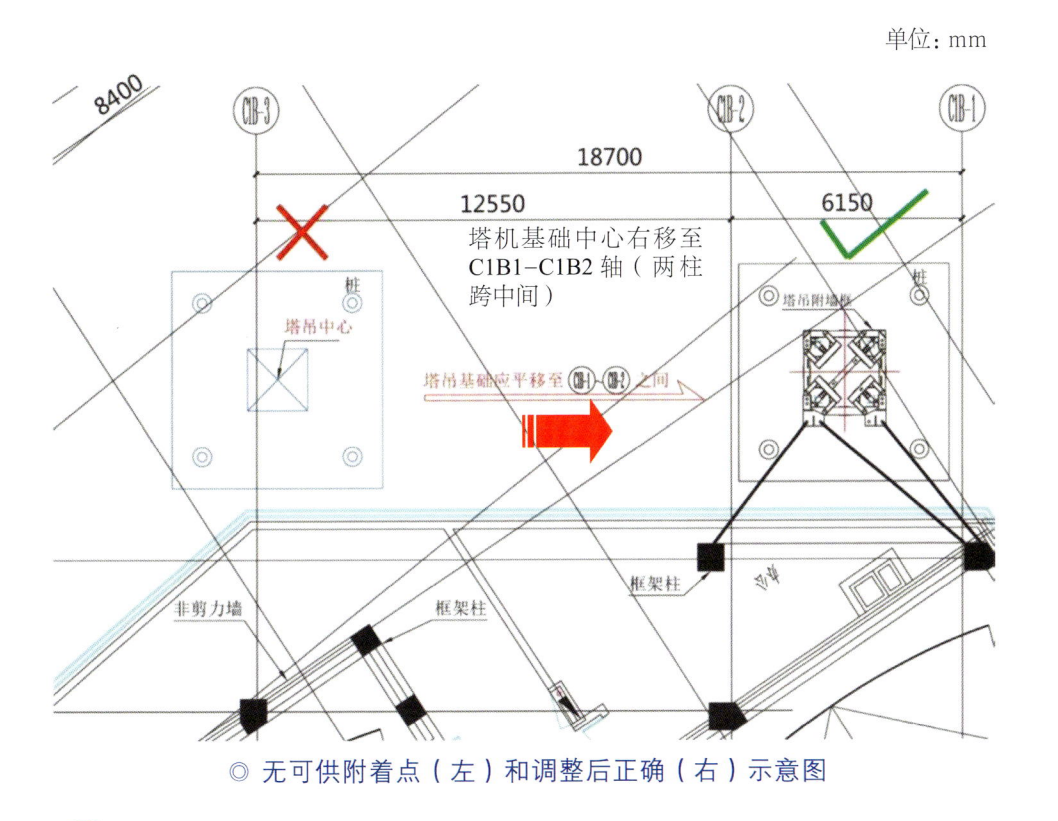

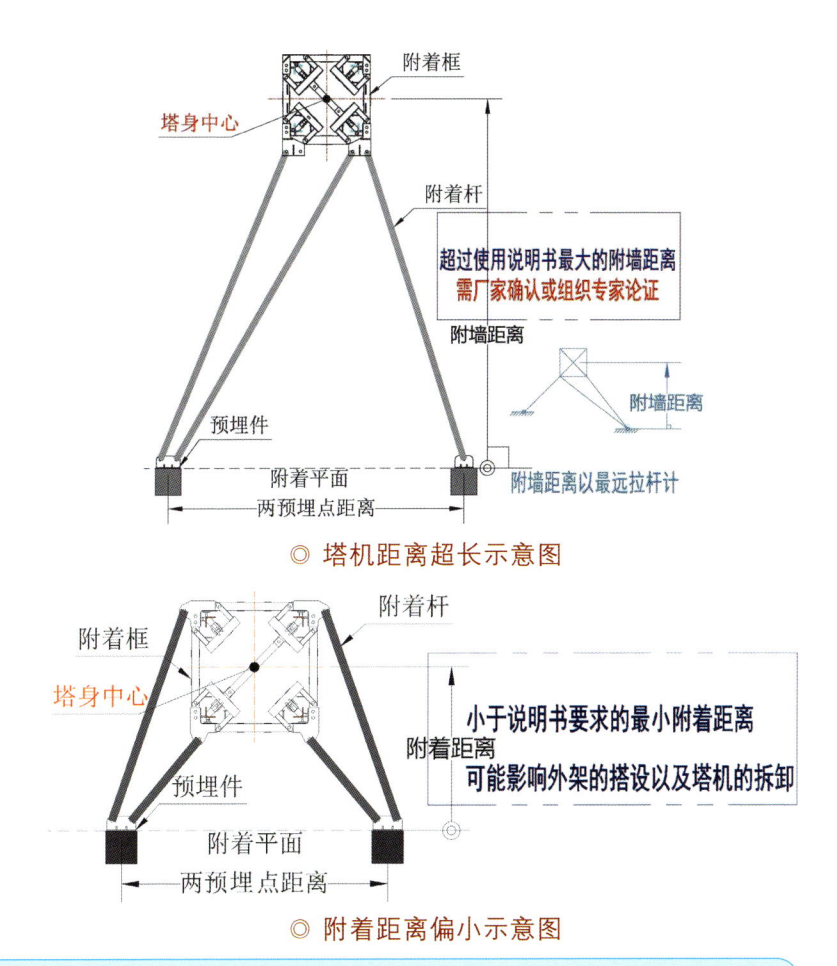

◎ 无可供附着点（左）和调整后正确（右）示意图

◎ 塔机距离超长示意图

◎ 附着距离偏小示意图

**说明：**
（1）当塔机在使用过程中，必须要增设附着装置时，选取的塔机位置必须有可供附着的剪力墙、柱和梁等结构，不可埋设于砌体结构（如左上图所示）。
（2）不宜超过使用说明书规定最大附墙距离和跨距，有利于提高塔机附着的整体安全性，也有利于降低经济成本（如右上图所示）。
（3）不宜将附着距离设置太小，避免影响外架的搭设以及塔机的拆卸（如右下图所示）。

## 塔式起重机安拆手册

◎ 附着角度偏小示意图

◎ 三杆式附着角度范围示意图

◎ 一侧四杆式附着角度范围示意图

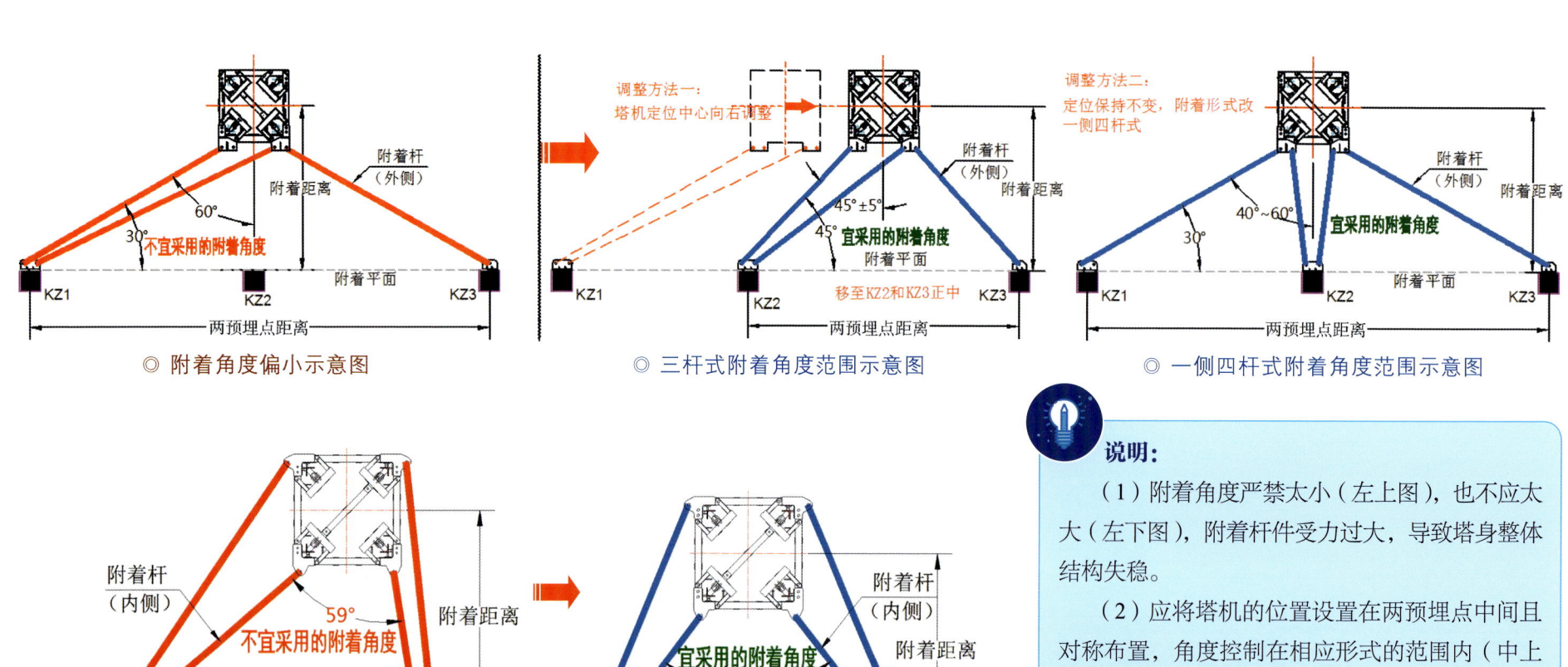

◎ 双侧四杆式附着角度偏大示意图

◎ 双侧四杆式附着角度范围示意图

**说明：**

（1）附着角度严禁太小（左上图），也不应太大（左下图），附着杆件受力过大，导致塔身整体结构失稳。

（2）应将塔机的位置设置在两预埋点中间且对称布置，角度控制在相应形式的范围内（中上图和中下图）。

（3）采用一侧四杆式附着形式，应查看所选塔机附着框是否符合要求，并进行专项设计（右上图）。

## （五）拆除的要求

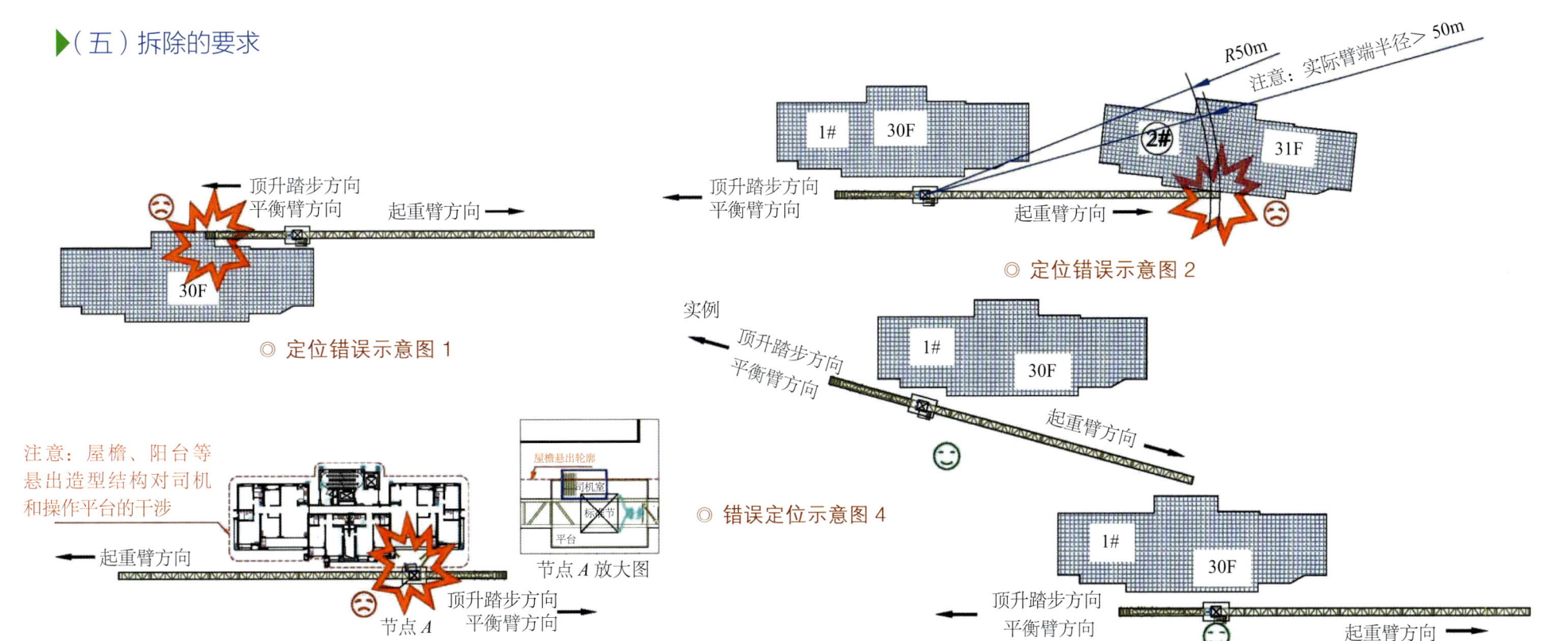

◎ 定位错误示意图1

注意：屋檐、阳台等悬出造型结构对司机和操作平台的干涉

◎ 定位错误示意图3

节点A放大图

◎ 定位错误示意图2

实例

◎ 错误定位示意图4

◎ 正确定位示意图

**说明：**

塔机定位应考虑拆除条件：

（1）起重臂、平衡臂与建成后的建筑结构是否会干涉。

（2）起重臂始终保持在顶升踏步的相反方向，避免标准节方向装反，并确保驾驶室和套架与建成后建筑物悬挑结构不会干涉。

## （六）施工环境的安全要求

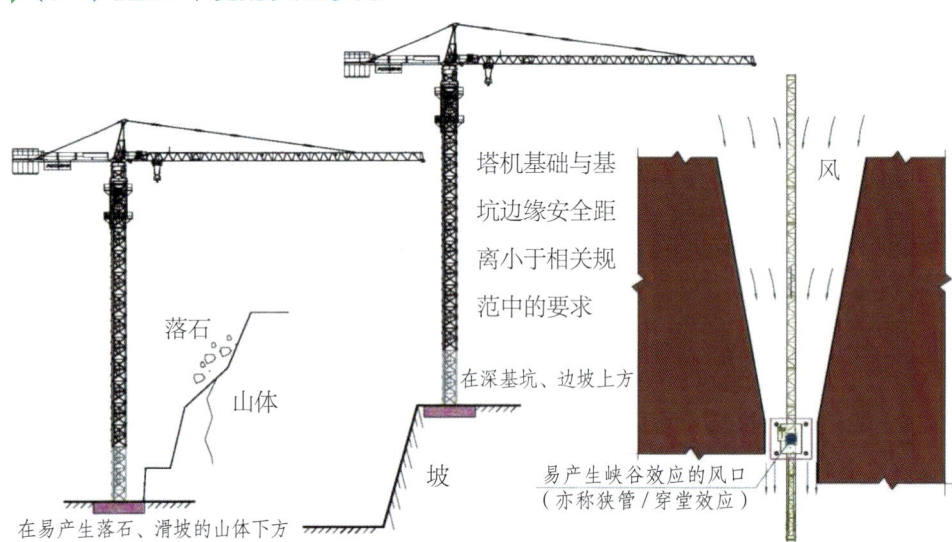

◎ 不可安装位置示意图

◎ 塔机高承台管桩基础存在失稳险情实例

医院　　车站　　商场

高压输电线路　　体育馆　　公园

◎ 尽量远离已建成的人群密集场所和高压架空输电线实例

**说明：**

（1）不可安装的环境。禁止将塔机安装在易发生自然灾害、地质灾害和气象灾害的位置。

（2）应远离的环境。塔机在定位时应尽量避开有人员密集场所和高压架空输电线经过的区域。不能避开时，必须保证足够的安全距离，并采取一定的安全防护措施，并符合相关规范要求。

# 第三章 辅助起重机械吊装安全

## 一、零部件的布置

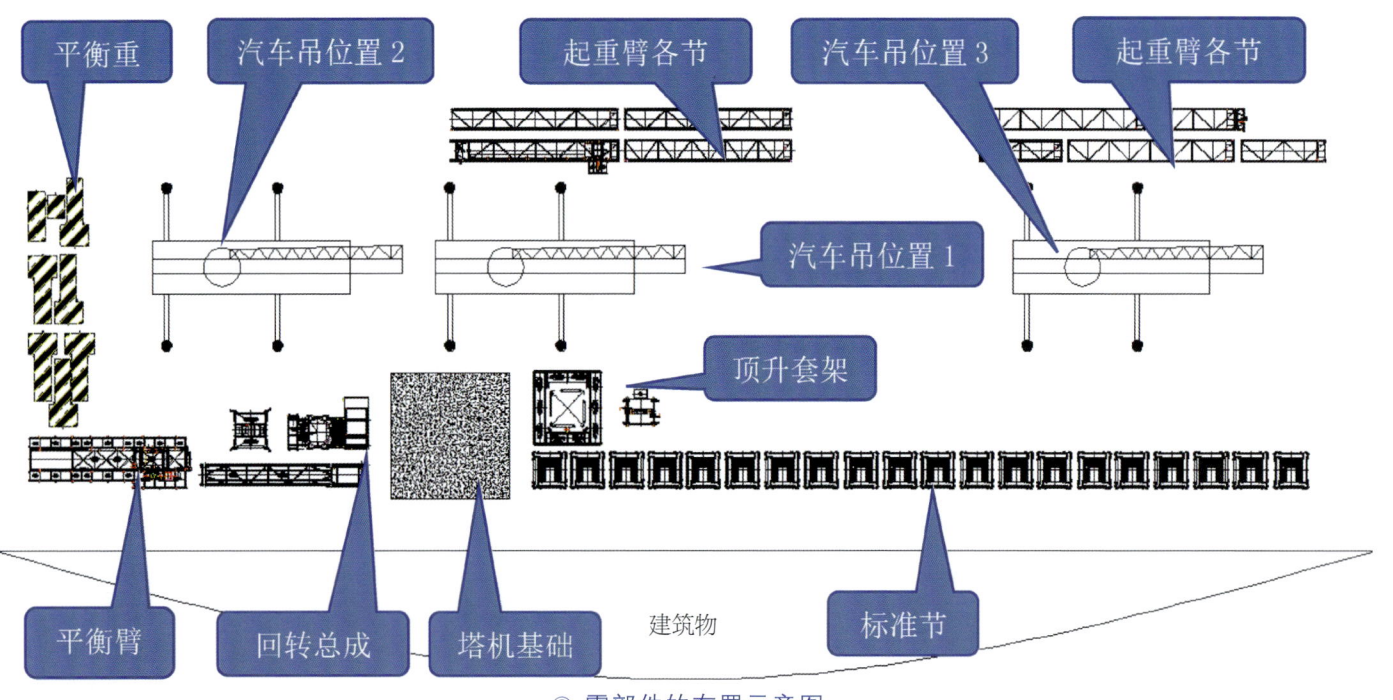

◎ 零部件的布置示意图

**说明：**

（1）塔机的零部件应根据安装顺序安排先后进场，有序堆放；推荐按作业流程清单进行编号。

（2）平衡重与平衡臂宜就近摆放于塔机平衡臂一侧。

（3）平头塔起重臂各节宜按照安装顺序摆放，便于逐节吊装；锤头塔应拼装后整体吊装。

（4）回转总成和套架等部件宜就近摆放。

（5）塔身标准节宜尽可能布置于起重臂一侧，便于后期塔机顶升加节。

**注意：**

（1）零部件临时堆放应平稳，有防倾、防塌、防变形措施。

（2）预留车辆、人员进出通道和辅助起重吊装设备站位空间。

（3）附属件（如平台等）宜地面先装配，应尽量减少高处作业。

## 二、辅助机械起重吊装行走路线

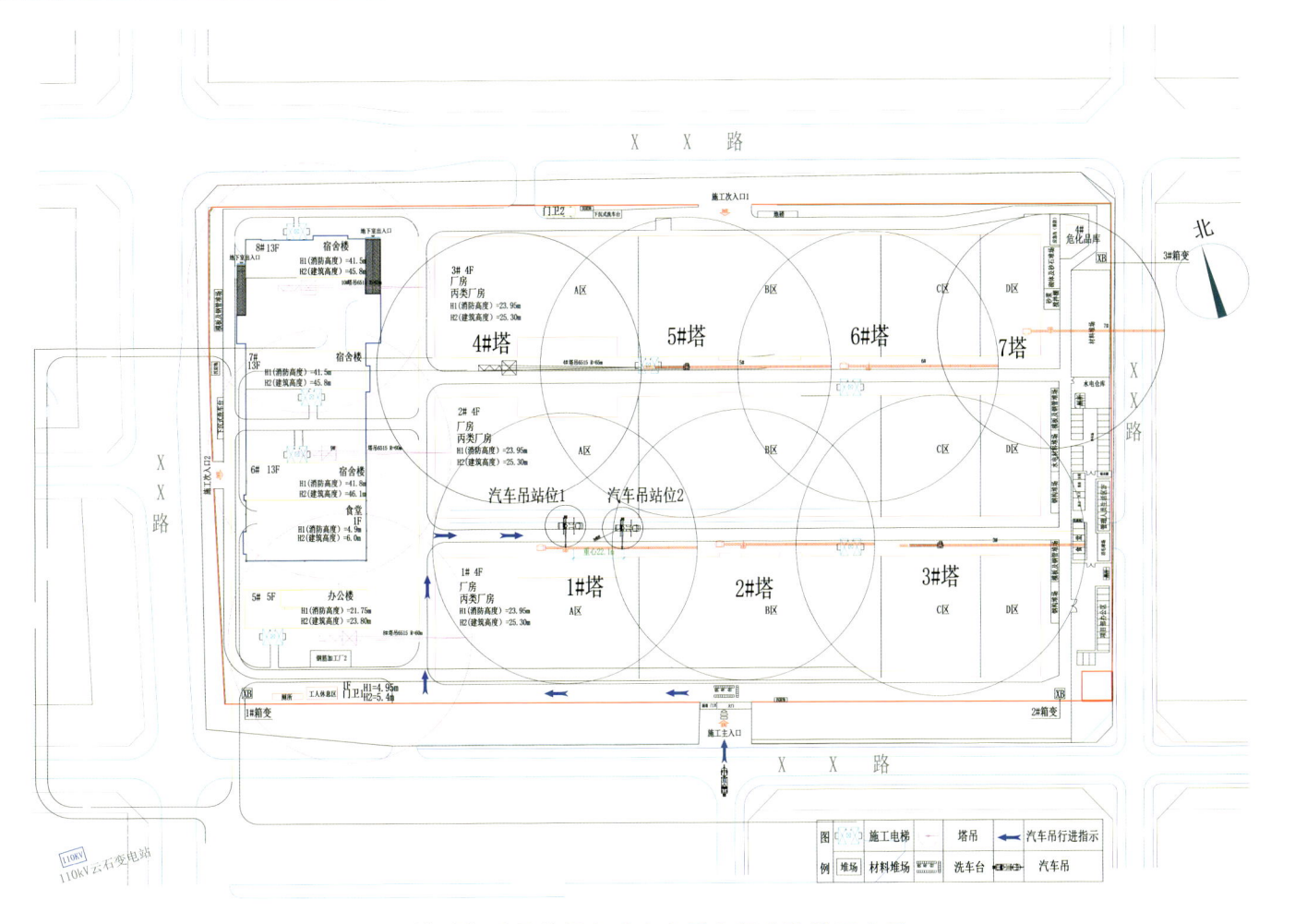

◎ 辅助起重吊装设备（汽车吊）行走路线示意图

> 行走路线选择：
> （1）行进及吊装过程中与建构筑物无干涉，道路应保证畅通无障碍，满足起重机械行走及吊装作业范围要求。
> （2）行走路线场地应进行平整、硬化处理，采用压路机压实，使行走道路地面承载能力满足要求。
> （3）规划行走路线及站位时，不得靠近架空输电线路等，确认安全作业环境和空间。

## 三、辅助机械起重吊装站位

起重机与输电线路的安全距离

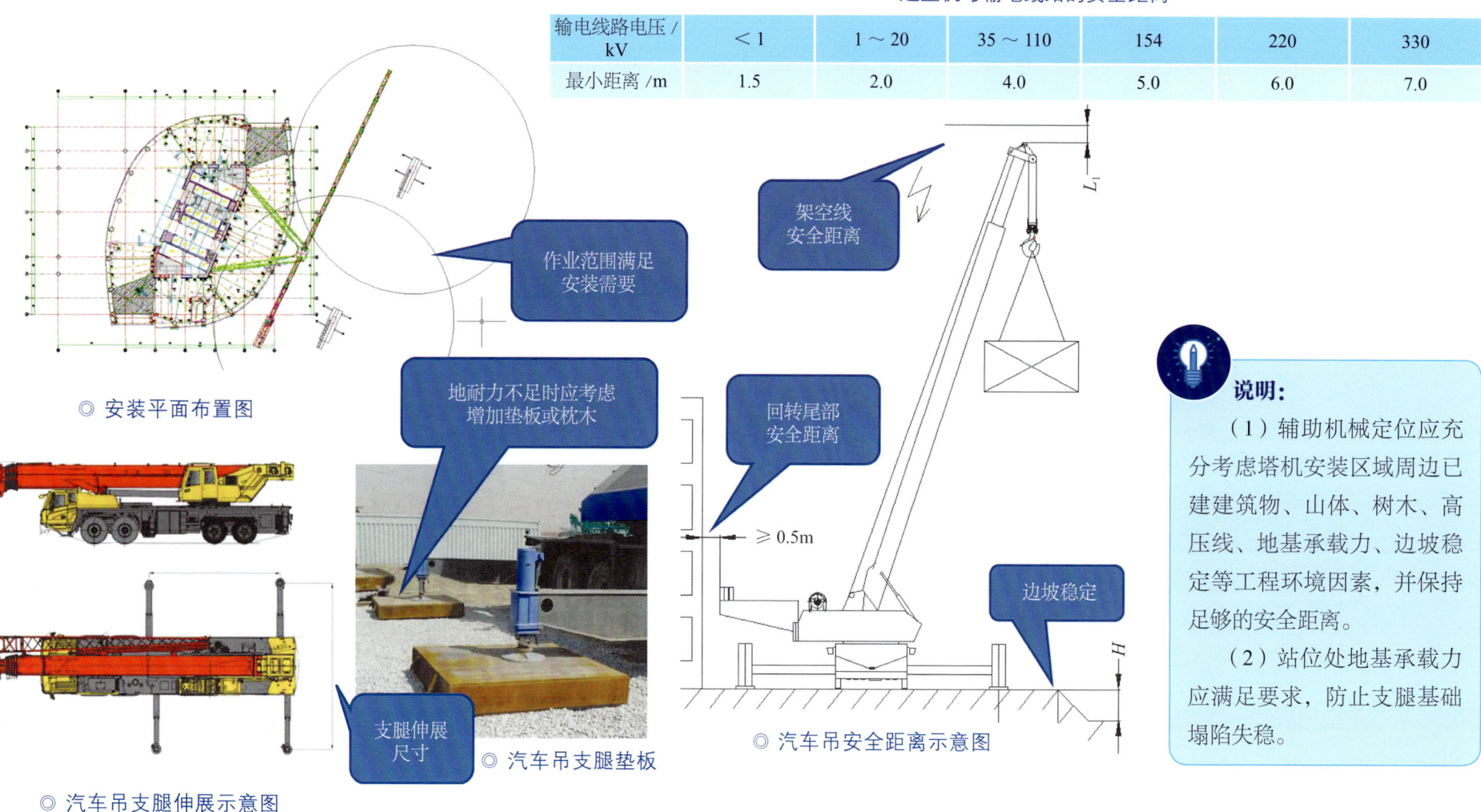

| 输电线路电压 /kV | <1 | 1～20 | 35～110 | 154 | 220 | 330 |
|---|---|---|---|---|---|---|
| 最小距离 /m | 1.5 | 2.0 | 4.0 | 5.0 | 6.0 | 7.0 |

◎ 安装平面布置图

◎ 汽车吊支腿伸展示意图

地耐力不足时应考虑增加垫板或枕木

作业范围满足安装需要

架空线安全距离

回转尾部安全距离

≥ 0.5m

边坡稳定

支腿伸展尺寸

◎ 汽车吊支腿垫板

◎ 汽车吊安全距离示意图

**说明：**

（1）辅助机械定位应充分考虑塔机安装区域周边已建建筑物、山体、树木、高压线、地基承载力、边坡稳定等工程环境因素，并保持足够的安全距离。

（2）站位处地基承载力应满足要求，防止支腿基础塌陷失稳。

第三章 辅助起重机械吊装安全

站位选择：

（1）整平场地，清除施工区域内障碍物；排查辅助起重吊装设备站位地下及附近管沟等危险因素。

（2）辅助起重吊装设备的站位、回转区域和吊装路线等均无建构筑物干涉。

（3）辅助起重吊装设备站位的地基承载力、平整度满足站位、吊装需要，确保四脚受力后能均匀沉降；站位支撑点的地下均无管道、电缆沟等。

（4）辅助起重吊装设备站位支撑点压实后仍达不到承载强度时，可采用铺路基箱方式解决。

（5）辅助起重吊装设备站位应离沟渠、基坑有足够的安全距离。

◎ 站位1实例

◎ 站位2实例

◎ 站位3实例

◎ 汽车吊支腿导致倾覆实例

## 四、辅助机械选型

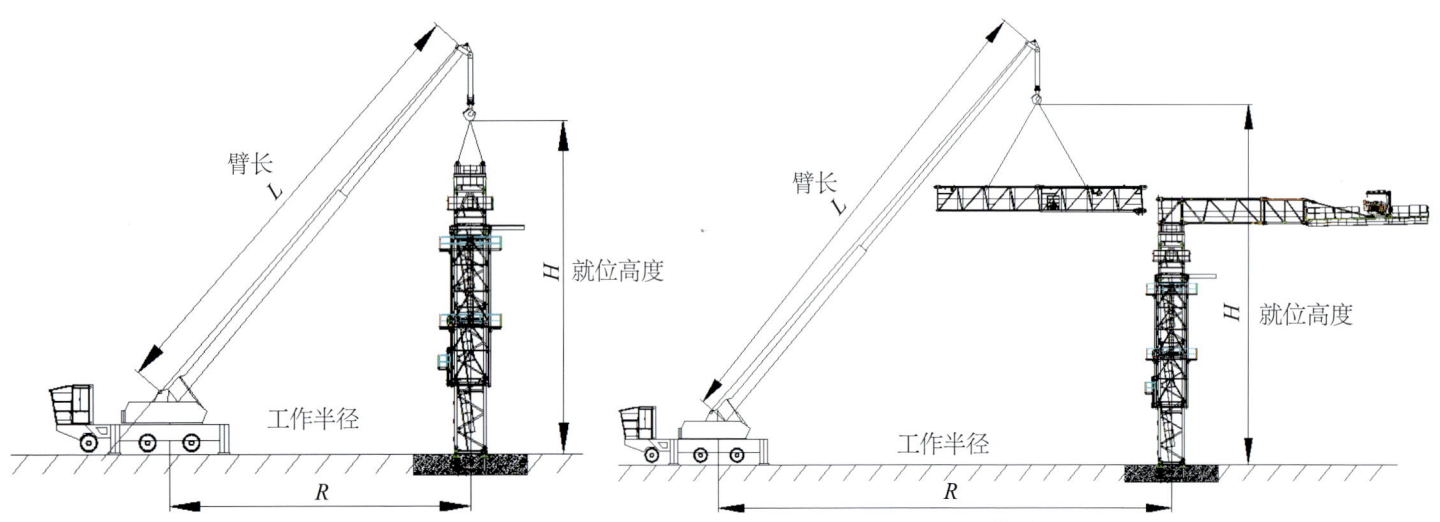

◎ 最不利工况之一：最大吊重工况示意图

◎ 最不利工况之一：整体吊装起重臂工况示意图

### 05 | 起重性能表
### T 主臂

◎ 汽车吊性能表示意图

### 吊装能力校核计算表

| 序号 | 塔机部件安装参数 |||| 汽车吊吊装参数 || 构件质量/吊重能力 | 安装分析 |
|---|---|---|---|---|---|---|---|---|
| | 部件名称 | 部件质量/t | 吊装半径/m | 吊装高度/m | 吊装半径/m | 吊装能力/t | | |
| 1 | 基础节 | 2.630 | 12 | 11 | 32.7 | 8.6 | 30.58% | 满足要求 |
| 2 | 套架（平台、泵站） | 3.800 | 12 | 14 | 32.7 | 8.6 | 44.18% | 满足要求 |
| 3 | 回转总成 | 4.380 | 12 | 22 | 32.7 | 8.6 | 50.93% | 满足要求 |
| 4 | 平衡重 | 2.900 | 12 | 22 | 32.7 | 8.6 | 33.72% | 满足要求 |
| 5 | 平衡臂 | 3.550 | 12 | 22 | 32.7 | 8.6 | 41.27% | 满足要求 |
| 6 | 起重臂1 | 2.640 | 12 | 26 | 32.7 | 8.6 | 30.69% | 满足要求 |
| 7 | 起重臂2 | 1.700 | 12 | 26 | 32.7 | 8.6 | 19.76% | 满足要求 |

**汽车吊险情应急处理：**
（1）应充分利用一瞬间，采取下降或上仰操作，紧急鸣笛示警，以防下面人员被砸伤。
（2）寻找可靠地点紧急降落，确保起重物体不对人员和设备造成进一步伤害。
（3）保护好现场，查找问题，并及时向应急领导小组汇报。

**辅助机械初选步骤：**
（1）根据塔机部件就位高度 $H$ 及吊装半径 $R$ 确定汽车吊臂长 $L$。
（2）根据幅度臂长 $L$，由起重特性表，确定汽车吊的额定起重量 $G$。

初选后应完成以下校核：
（1）计算汽车吊实际吊装能力能够满足塔机各部件质量、吊装高度、作业半径的要求，并具有一定的吊装能力储备。
（2）通过立面图放样校核重物吊装过程与汽车吊起重臂，避免干涉。

吊装注意事项：

（1）吊装钢丝绳夹角一般不超过90°。

（2）吊装钢丝绳安全系数不小于6。

（3）吊装平衡臂或起重臂等较长部件时，为防止部件受风影响发生旋转碰撞汽车吊大臂，应设置吊装牵引绳控制姿态。

（4）标准节、套架采用上部接口四点吊挂，回转总成、平衡臂、起重臂采用专用吊耳吊装，吊耳按重心设置，吊装时使平衡臂、起重臂呈水平或略微上翘状态。

（5）部件未可靠连接前，汽车吊禁止卸载。

（6）吊装牵引绳，要求使用双绳，禁止使用单绳。

（7）汽车吊大臂与塔机被吊装部件安全距离不得小于2m。

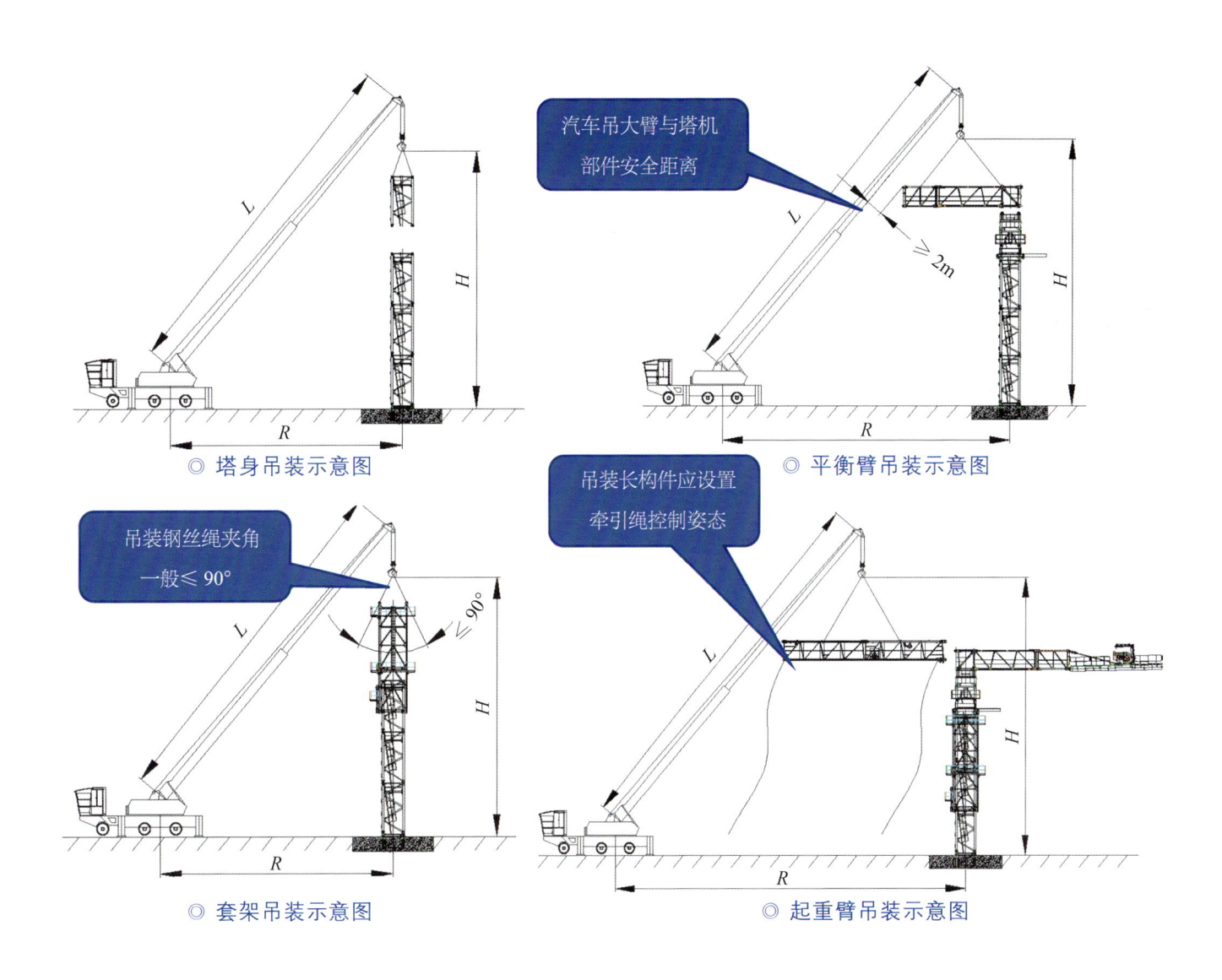

◎ 塔身吊装示意图

◎ 平衡臂吊装示意图（汽车吊大臂与塔机部件安全距离 ≥2m）

◎ 套架吊装示意图（吊装钢丝绳夹角一般≤90°）

◎ 起重臂吊装示意图（吊装长构件应设置牵引绳控制姿态）

## 五、安全区域设置要求

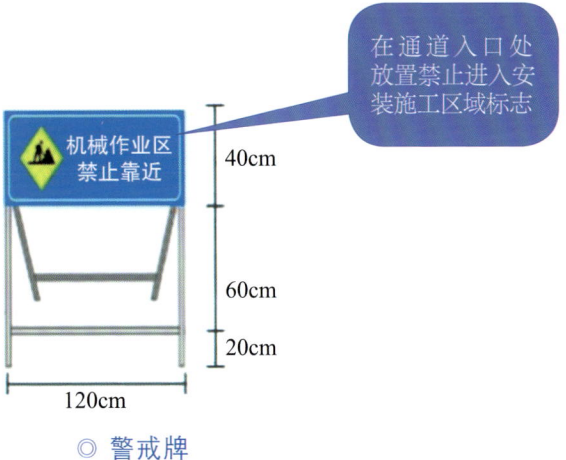

**说明：**
（1）吊装作业前应设置安全保护区域及警示标识。
（2）安全保护区域应大于塔机和辅助机械作业范围。
（3）吊装作业时应安排专人监护，防止非作业人员进入。
（4）严禁任何人在吊物或起重臂下停留或通过。

拉设警戒线，严禁与安装作业无关的闲杂人员进入施工区域。

在通道入口处放置禁止进入安装施工区域标志

警戒线

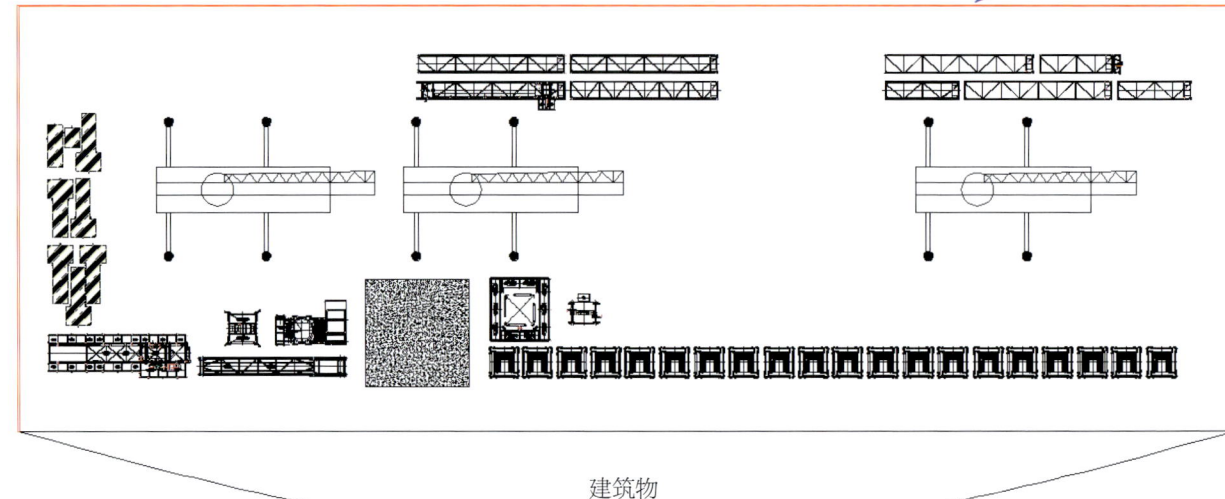

建筑物

◎ 警戒牌

◎ 现场布置示意图

# 第四章 平臂外套架式塔式起重机（平头、锤头）安装

**塔式起重机安拆手册**

```
                    平臂外套架式塔式起重机（平头、锤头）安装
                    ┌──────────────┬──────────────┬──────────────┐
                 安装前准备     基本架设高度安装    顶升加节        附着安装
                    │              │              │
                    ├─ 基础核查    ├─ 塔身安装     ├─ 顶升加节原理
                    │              │              │
                    └─ 其他准备    ├─ 大臂安装     └─ 顶升加节步骤
                                   │
                                   ├─ 钢丝绳安装
                                   │
                                   └─ 电气与安全装置
                                      安装与调试
```

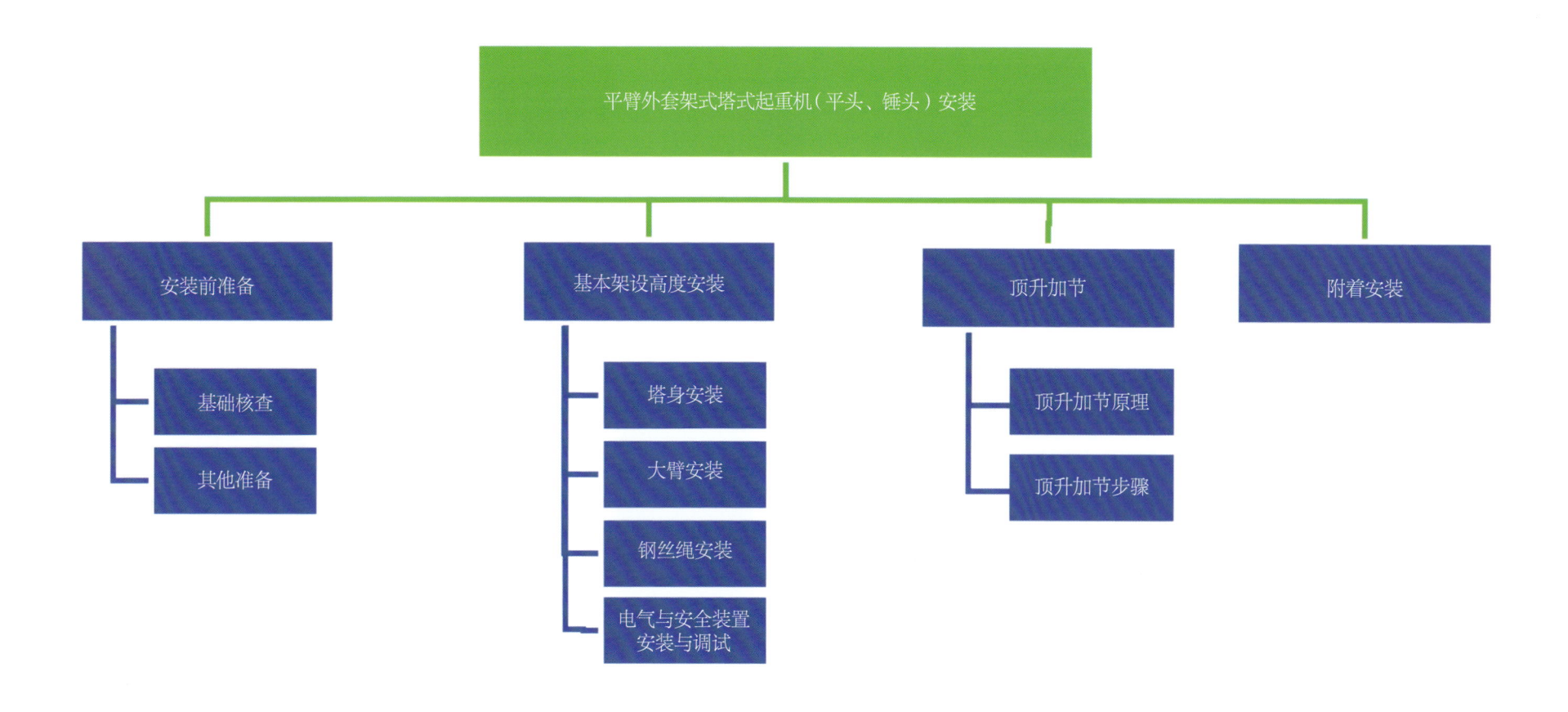

# 一、安装前准备

## （一）基础核查

◎ 基础预埋件核查实例　　　　　　　　　　◎ 承台核查实例

**说明：**

（1）核查验收手续是否齐全完整。
（2）核查基础加载的混凝土强度是否符合说明书要求。
（3）核查基础尺寸、形式是否符合说明书要求，不符合的是否有专家论证或厂家确认；可根据工程基础施工阶段所需起重能力和非作业工况防风要求调整塔机基础结构尺寸。
（4）基础预埋件（螺栓或支腿）应采用定位框，严禁采用焊接固定预埋件。
（5）基础混凝土承台表面的水平度控制在1‰。
（6）工程基础土方开挖阶段应做水平位移观测。
（7）塔机基础钢结构应有防水防腐措施。

◎ 地脚螺栓焊接固定断裂实例

◎ 预埋支腿定位不准擅自扩孔实例

◎ 基础承台周边开挖造成管桩外露实例

## （二）其他准备

安装条件核查确认：

（1）是否按规定完成安拆告知，并在安拆告知时间段内作业。

（2）建机一体化企业现场管理人员（现场负责人、项目技术负责人、安全员）、安拆作业人员备案及到位情况，非备案人员是否按规定履行变更手续。

（3）安拆作业面带班管理人员、其他作业指挥人员和监控人员，以及旁站人员是否明确。

（4）基础是否验收合格，附着部位结构、混凝土及预埋件是否满足要求。

（5）起重机械和构配件进场核查、检查，液压油缸、顶升机构等重要部件是否满足安全要求。

（6）辅助吊车吊具是否正常，司机是否持证上岗。

（7）编制、审批和专家论证情况。

（8）作业的防护、人员入场安全规定、机具设备的安全使用、施工用电安全等措施情况。

（9）应急预案和救援物资到位情况。

（10）安拆环境包括气象条件、作业场地条件、安全警戒区设置等是否满足安全作业要求。

（11）交底。

◎ 现场交底

交底前准备工作：

（1）专项安装方案已完成审批手续。

（2）辅助吊装设备设施等现场组装完成，验收合格。

（3）塔机主要机构、零部件、配件等全部到场，验收合格。对标准节结构形式和壁厚进行检查测量，符合型式检验报告。

（4）安装现场风速符合要求（3s 平均瞬时最大风速 ≤ 12m/s），天气条件良好，已设置警戒区域。

（5）安拆作业人员持证上岗，进行安全教育、技术交底（包含安装作业流程），个人防护用品佩戴齐全。

（6）安拆单位专职安全生产管理人员、项目安拆技术负责人和施工单位专职安全员、机管员及监理单位专监等主要管理人员应到位。

各类人员按以下规定着装：

（1）建机一体化企业项目负责人、现场技术负责人、专职安全员着红色马甲，戴红色安全帽。

（2）安拆班组长着绿色马甲，戴黄色安全帽。

（3）安拆作业人员和其他辅助人员着蓝色马甲，戴蓝色安全帽。

马甲及安全帽以文字标示企业名称和编号，马甲左胸前可贴标明岗位的胸标。

## 二、基本架设高度安装

▶（一）塔身安装

第一步　塔身节安装
第二步　顶升套架
第三步　回转总成
第四步　回转塔身
第五步　塔头安装

◎ 塔身节

◎ 顶升套架

◎ 过渡节

◎ 塔头

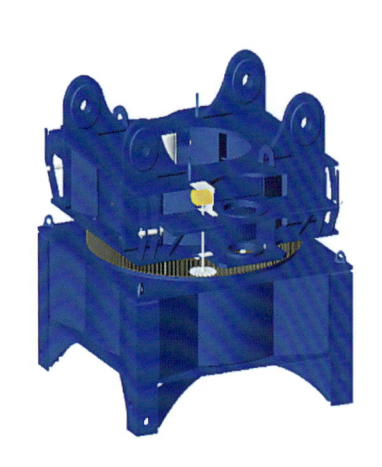

◎ 回转总成

◎ 平头塔塔头

## 第四章 平臂外套架式塔式起重机（平头、锤头）安装

### 第一步 塔身节安装

◎ 基础节安装实例

◎ 标准节连接销轴安装错误实例

◎ 安装其他塔身节实例

**说明：**

塔身节含基础节、加强节、标准节、过渡节等。本手册的基本架设高度为 1 节基础节、3 节加强节。

（1）起吊基础节至距离预埋件顶部 100～200mm 时停止下降，安装人员稳住标准节，使连接件中心对齐，继续下降，至标准节落至基础预埋件上，安装连接件。

（2）按照说明书安装顺序，依次吊装其他塔身节，调整方向，踏步均在同一侧，直至高度可以达到顶升。

（3）调整塔身垂直度，测量塔身的纵向、横向垂直度，满足 1‰或说明书要求。

### 第二步　顶升套架

◎ 吊装顶升套架实例　　　　◎ 顶升横梁爬爪实例　　　　◎ 安装平台护栏实例

**说明：**
（1）先在地面上安装好除工作平台护栏之外的顶升套架组件。
（2）吊起套架（确认顶升油缸与踏步同侧）慢慢放下，下降直至爬爪放在标准节的下踏步上。
（3）安装顶升套架四周的工作平台、栏杆和液压系统。
（4）检查、调整好套架全部滚轮与标准节之间的间隙（2～3mm）。
注：部分机型顶升套架可与回转总成组合吊装。

# 第四章 平臂外套架式塔式起重机（平头、锤头）安装

### 第三步 回转总成

◎ 吊装回转总成实例 　　　　◎ 安装连接螺栓实例 　　　　◎ 塔帽连接销轴磨损断裂失效实例

**说明：**
（1）在地面上安装好回转总成（含司机室）。
（2）吊装时，回转下支座四角的连接套与塔身上端连接套对准后缓慢下落，待回转总成落在塔身上时，用连接件将两两对角连接牢固。
（3）操作液压油缸，伸长顶升横梁销轴至标准节的下踏步半圆孔内，锁定安全销，继续顶升至套架耳板与回转下支座耳板重合，安装连接件。
（4）抽出安全销，收缩顶升横梁，完全回收油缸。

**注意：**
（1）部分机型回转总成与塔身节连接，安装参照塔身节安装。
（2）部分机型回转总成可与塔头一起组合吊装。
（3）销轴的材质应符合要求。

### 第四步　回转塔身

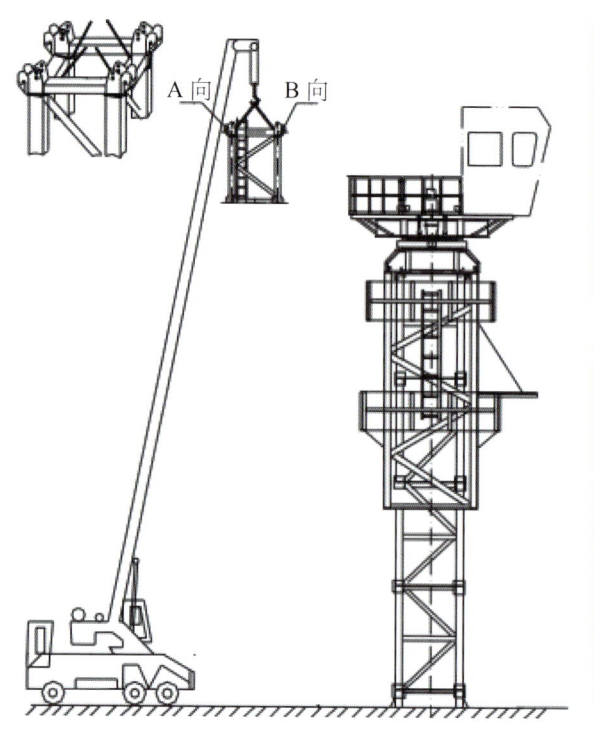

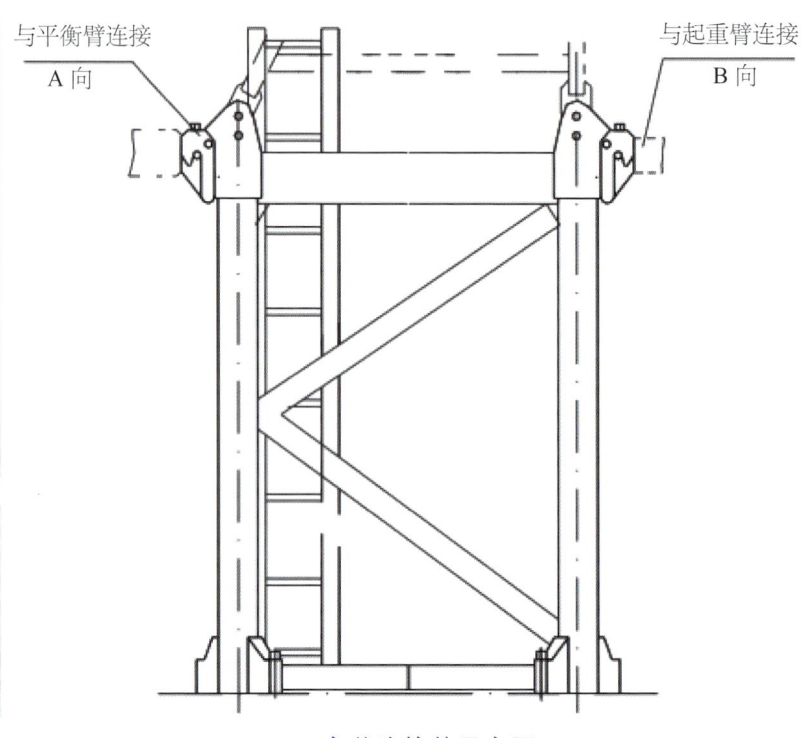

◎ 吊装回转塔身示意图　　◎ 回转塔身节随意加固补焊实例　　◎ 安装连接件示意图

**说明：**

（1）吊起回转塔身，确认回转塔身上的爬梯一侧朝向上支座平台。
（2）用连接件将回转塔身与上支座连接牢固。
注：部分厂家塔机无此部件。

## 第五步 塔头安装

◎ 平头式塔头吊装示意图

◎ 塔帽随意加固补焊实例

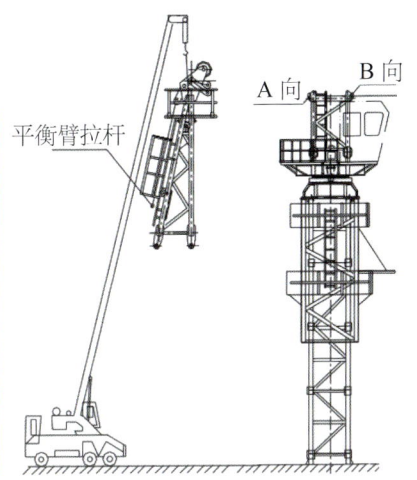

◎ 锤头式塔头吊装示意图

◎ 塔头节横杆开裂实例

◎ 安装连接销轴示意图

**说明：**

平头式：

（1）用销轴将拉杆安装到塔头与平衡臂连接一侧的上层耳板上。

（2）吊起塔头，确认塔头上的爬梯一侧朝向驾驶室平台。

（3）用连接件将回转塔身与上支座连接牢固。

锤头式：

（1）先将塔头组装好，为方便安装平衡臂，在塔头后侧安装 2 根（左右各 1 根）平衡臂长拉杆。

（2）吊装塔头至回转塔身上（塔头上焊装有力矩限制器一侧与司机室同向），安装连接销轴。

注：销轴安装时穿入方向应考虑便于拆卸。

## （二）大臂安装

> 第一步　平衡臂总成安装
> 第二步　部分平衡重吊装
> 第三步　起重臂总成安装
> 第四步　剩余平衡重吊装

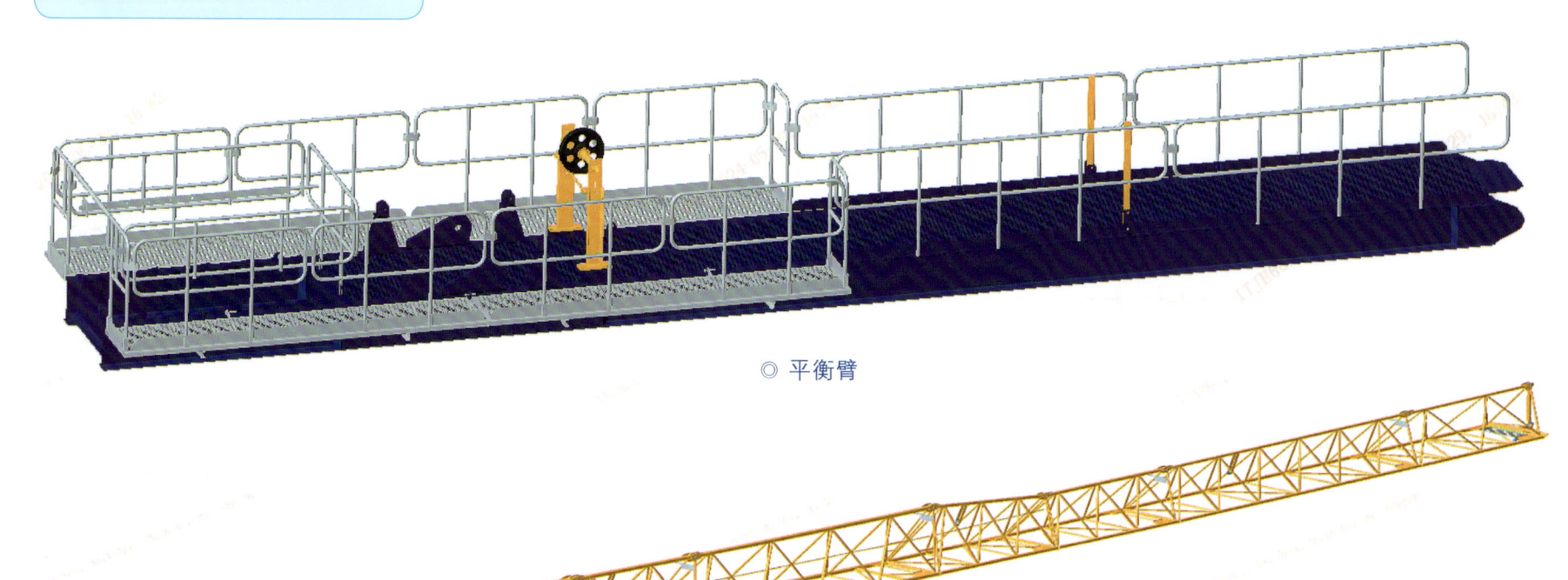

◎ 平衡臂

◎ 起重臂

# 第四章 平臂外套架式塔式起重机（平头、锤头）安装

## 第一步 平衡臂总成安装

◎ 平衡臂吊装实例

◎ 平衡臂放平实例

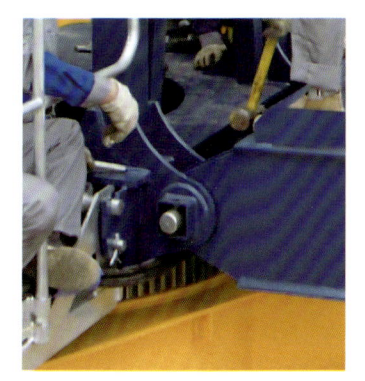

◎ 平衡臂安装销轴实例

◎ 拉杆安装销轴实例

**说明：**

（1）在地面拼装好平衡臂总成，在平衡臂尾端部各系 1 根软绳索至地面上（调整平衡臂转动方向）。

（2）水平吊装平衡臂，用软绳微调平衡臂，使臂根耳板插入回转塔身连接耳板中，穿入连接销轴并固定好。

（3）抬高平衡臂至合适角度，用销轴连接好平衡臂拉杆。

（4）缓慢放下平衡臂，直至拉杆伸直、平衡臂接近水平。

注：销轴安装时穿入方向应考虑便于拆卸。

## 第二步　部分平衡重吊装

◎ 安装第一块平衡重实例

◎ 安装第二块平衡重实例

◎ 平衡重销轴搁置在斜块上实例

**说明：**
（1）查阅说明书，明确平衡重数量和位置。
（2）吊装部分平衡重，平衡重销轴搁置在斜块上（无斜块应采取措施避免平衡重移动）。

**注意：**
（1）吊装平衡重宜在起重臂总成组装基本完成时开始，严禁平衡重超重。
（2）起重臂吊装应确保连贯性，中间不宜间歇，以免失衡侧翻。
（3）安装平衡臂时多安装平衡重容易造成失稳。

# 第四章 平臂外套架式塔式起重机（平头、锤头）安装

## 第三步 起重臂总成安装

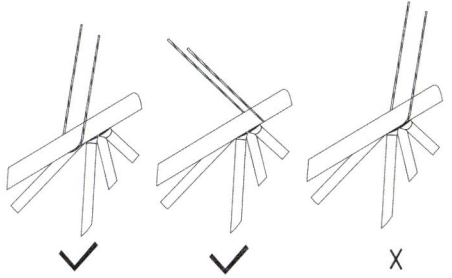

◎ 地面组装实例　　◎ 安装起重臂连接件实例　　◎ 起重臂吊点设置示意图

◎ 起重臂总成吊装实例　　◎ 起重臂下弦杆变形实例　　◎ 起重臂下弦杆断裂实例　　◎ 起重臂连接销退出实例

**说明：**
（1）在地面按说明书要求按起重臂节配置拼装起重臂，次序不得混乱。
（2）安装小车，将小车从臂根推向臂端，检查小车沿起重臂下弦杆运行是否良好。
（3）安装变幅机构，穿绕并固定钢丝绳。
（4）组装起重臂拉杆，放入起重臂上弦杆上的拉杆架内。
（5）在起重臂尾部系1根软绳索至地面上，缓慢起吊起重臂总成，微调至起重臂接头顺利插入回转塔身（或塔头）耳板上，安装销轴。
（6）稍微吊起起重臂，安装拉杆。
（7）放平起重臂。

**注意：**
（1）平头塔的起重臂宜2～3分段安装，分段安装时注意臂节的安装顺序。
（2）起重臂吊点可以参考说明书中的位置，也可以现场经试吊确定。

41

## 第四步　剩余平衡重吊装

◎ 吊装剩余平衡重实例

◎ 安装顺序实例

**说明：**

（1）查看说明书，确定平衡重位置。

（2）根据不同的起重臂臂长，吊装剩余平衡重，安装顺序正确。

（3）平衡重之间无晃动碰撞，固定牢靠。

## （三）钢丝绳安装

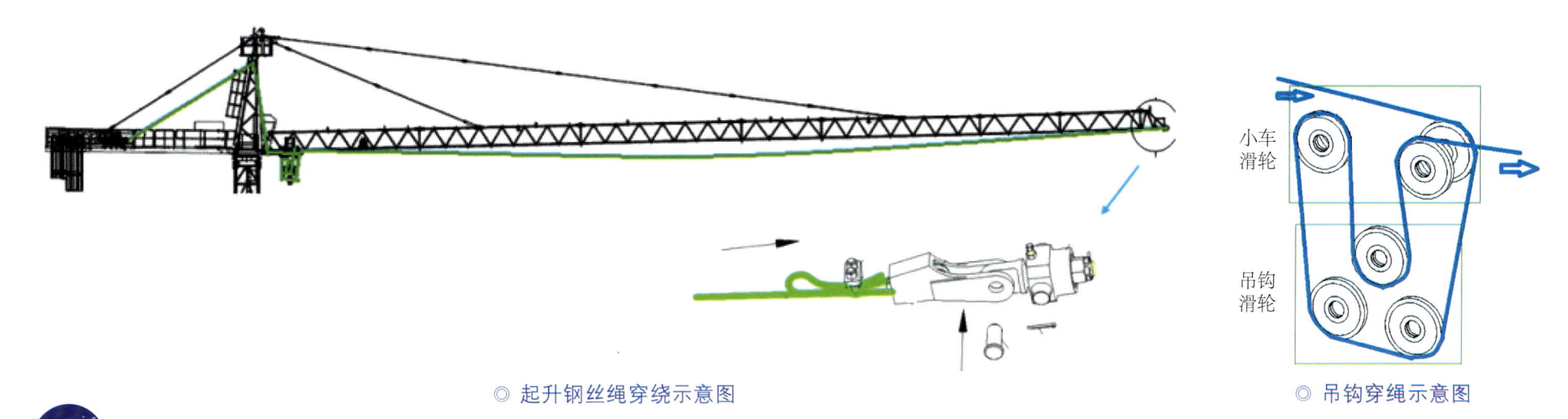

◎ 起升钢丝绳穿绕示意图

◎ 吊钩穿绳示意图

小车滑轮

吊钩滑轮

**说明：**

（1）缓慢启动起升机构，起升钢丝绳由起升机构卷筒放出，经过排绳机构滑轮，绕过塔顶导向滑轮向下绕入回转塔身内的起重量限制器滑轮。

（2）按照说明书所示绕过载重小车和吊钩上的滑轮组。

（3）用钢丝绳夹将起升钢丝绳固定在挡绳杆处，并留出不小于1m的余量。

（4）缓慢启动起升机构，提起吊钩离地面1m高，检查起升钢丝绳是否固定牢固。

（5）启动变幅机构，将载重小车及吊钩开至臂端。

（6）从臂端防扭装置上拆下楔形接头，起升钢丝绳与之连接，并折回用钢丝绳夹固定住。

（7）用销轴将楔形接头固定在臂端防扭装置上。当使用普通钢丝绳时，扭螺钉旋进；当使用防扭钢丝绳时，防扭螺钉旋出。

（8）启动变幅机构，使载重小车朝臂根方向运动至起升钢丝绳张紧，取下固定在挡绳杆处的钢丝绳夹。

## （四）电气与安全装置安装与调试

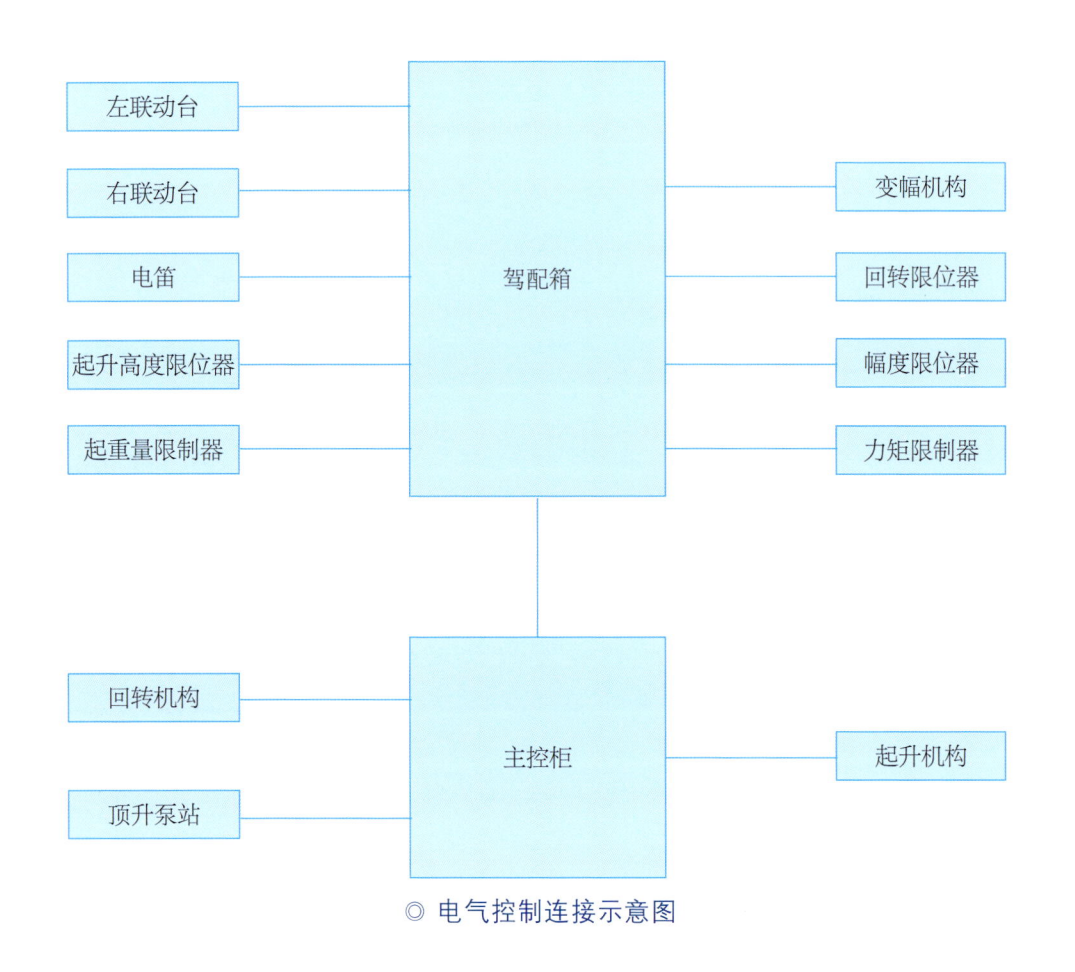

```
┌─────────┐
│ 左联动台 │──┐
└─────────┘  │
┌─────────┐  │           ┌─────────┐
│ 右联动台 │──┤           │ 变幅机构 │
└─────────┘  │           └─────────┘
┌─────────┐  │  ┌─────┐  ┌──────────┐
│  电笛   │──┼──│驾配箱│──│回转限位器 │
└─────────┘  │  │     │  └──────────┘
┌──────────┐ │  │     │  ┌──────────┐
│起升高度限位器│─┤     │──│ 幅度限位器│
└──────────┘ │  │     │  └──────────┘
┌──────────┐ │  │     │  ┌──────────┐
│起重量限制器│─┘  └─────┘  │ 力矩限制器│
└──────────┘              └──────────┘
                 │
┌─────────┐      │
│ 回转机构 │──┐   │
└─────────┘  │  ┌─────┐  ┌─────────┐
             ├──│主控柜│──│ 起升机构 │
┌─────────┐  │  └─────┘  └─────────┘
│ 顶升泵站 │──┘
└─────────┘
```

◎ 电气控制连接示意图

**说明：**

电气调试：

（1）塔机基础附近配置专用开关箱，采用TN-S接零保护系统。

（2）根据电气原理图、外部接线图及控制箱接线图，连接各控制箱、联动台及动力电缆、制动器电缆、安全装置、接地装置、障碍灯、探照灯、风速仪等。

（3）用接电线或镀锌扁铁将塔身与基础接地体连接，测量接地电阻不大于4Ω。

（4）将司机室所有操作机构放置在安全位置，主开关放在断电位置，最后连接好地面电源电缆。

（5）按电路图的要求接通所有电路的电源，试开动各机构进行运转，检查各机构运转是否正常，同时检查各处钢丝绳是否处于正常工作状态，是否与结构件有摩擦，所有不正常情况均应排除。

## 1. 电气与安全装置

◎ 力矩限制器 　　◎ 起升高度限位器 　　◎ 回转限位器 　　◎ 幅度限位器 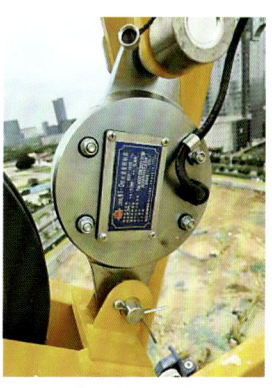　　◎ 起重量限制器 　　◎ 力矩限制器铅封照

**说明：**

塔机安全装置主要包括起重量限制器、力矩限制器、起升高度限位器、回转限位器、幅度限位器。安全装置调试：

（1）起升高度限位器：调整在空载下进行，分别压下微动开关，确认限制提升的微动开关是否正确。确定极限上限位时，使变幅小车与吊钩滑轮的最小距离不小于0.8m，调动调整轴，使凸轮动作并压下微动开关，然后拧紧螺母，验证记忆位置是否准确。

（2）回转限位器：调整回转限位器在起重臂处于安装位置（电缆处于自由状态）时进行，逐个压下微动开关，确认控制左右方向的微动开关是否正确。向左回转一圈半，调动调整轴使凸轮4动作至使对应的微动开关瞬时换接；向右回转一圈半，调动调整轴，使凸轮1动作至对应的微动开关瞬时换接，然后拧紧螺母，验证左右回转动作记忆位置是否准确。

（3）幅度限位器：先调试向外变幅减速和臂尖限位，将小车开到距臂尖缓冲器2～3m，调动调整轴使记忆凸轮2转至将微动开关2换接；再将小车开至臂尖缓冲器0.8m处，按程序调动调整轴使凸轮1转至使对应的微动开关动作；接着调试向内变幅减速凸轮3和臂根限位凸轮4，调整方法同上，分别距臂根缓冲器2～3m和0.2m处进行减速和臂根限位调整，然后拧紧螺母，验证记忆位置是否准确。

（4）起重量限制器：一般是在钢丝绳2倍率的情况下，利用工地现有材料如钢筋，分别进行高速档和低速档调整，调试、校核合格后，任何人不得私自调整。

（5）力矩限制器：应由专业人员按规范要求调试、校核到位，调试、校核合格后，任何人不得私自调整。

## 塔式起重机安拆手册

### 2. 力矩限制器调试（定码变幅）

起重性能参数表

80%　90%　100%

| 起重臂 臂长/m | 最大 倍率 | 起重量/t | 幅度/m | 20.0 | 22.5 | 25.0 | 27.5 | 30.0 | 32.5 | 35.0 | 37.5 | 40.0 | 42.5 | 45.0 | 47.5 | 50.0 | 52.5 | 55.0 | 57.5 | 60.0 | 62.5 | 65.0 | 67.5 | 70.0 |
|---|---|---|---|---|---|---|---|---|---|---|---|---|---|---|---|---|---|---|---|---|---|---|---|---|
| 70 (R=71.8) | 2 | 6 | 30.9 | | | 6.00 | | | 5.65 | 5.15 | 4.73 | 4.36 | 4.03 | 3.74 | 3.48 | 3.25 | 3.04 | 2.85 | 2.68 | 2.52 | 2.37 | 2.24 | 2.12 | 2.00 |
| | 4 | 12 | 17.0 | 9.92 | 8.63 | 7.60 | 6.77 | 6.08 | 5.50 | 5.01 | 4.58 | 4.21 | 3.89 | 3.60 | 3.34 | 3.11 | 2.90 | 2.71 | 2.53 | 2.38 | 2.23 | 2.10 | 1.97 | 1.86 |
| 67.5 (R=69.3) | 2 | 6 | 32.7 | | | 6.00 | | | | 5.52 | 5.06 | 4.67 | 4.33 | 4.02 | 3.75 | 3.50 | 3.28 | 3.08 | 2.90 | 2.73 | 2.57 | 2.43 | 2.30 | |
| | 4 | 12 | 17.9 | 10.57 | 9.20 | 8.11 | 7.23 | 6.51 | 5.89 | 5.37 | 4.92 | 4.53 | 4.18 | 3.88 | 3.60 | 3.36 | 3.14 | 2.93 | 2.75 | 2.58 | 2.43 | 2.29 | 2.16 | |
| 65 (R=66.8) | 2 | 6 | 33.3 | | | 6.00 | | | | 5.64 | 5.19 | 4.78 | 4.43 | 4.12 | 3.84 | 3.59 | 3.37 | 3.16 | 2.97 | 2.80 | 2.64 | 2.50 | | |
| | 4 | 12 | 18.3 | 10.80 | 9.40 | 8.30 | 7.40 | 6.66 | 6.03 | 5.50 | 5.04 | 4.64 | 4.29 | 3.98 | 3.70 | 3.45 | 3.22 | 3.02 | 2.83 | 2.66 | 2.50 | 2.36 | | |
| 62.5 (R=64.3) | 2 | 6 | 34.6 | | | 6.00 | | | | 5.93 | 5.45 | 5.03 | 4.66 | 4.34 | 4.05 | 3.79 | 3.55 | 3.34 | 3.14 | 2.96 | 2.80 | | | |
| | 4 | 12 | 19.0 | 11.30 | 9.84 | 8.69 | 7.76 | 6.99 | 6.34 | 5.78 | 5.30 | 4.89 | 4.52 | 4.19 | 3.90 | 3.64 | 3.41 | 3.19 | 3.00 | 2.82 | 2.66 | | | |
| 60 (R=61.8) | 2 | 6 | 34.9 | | | 6.00 | | | | 5.99 | 5.51 | 5.08 | 4.71 | 4.39 | 4.09 | 3.83 | 3.59 | 3.38 | 3.18 | 3.00 | | | | |
| | 4 | 12 | 19.2 | 11.41 | 9.94 | 8.78 | 7.84 | 7.06 | 6.40 | 5.84 | 5.36 | 4.94 | 4.57 | 4.24 | 3.95 | 3.69 | 3.45 | 3.23 | 3.04 | 2.86 | | | | |
| 57.5 (R=59.3) | 2 | 6 | 36.7 | | | 6.00 | | | | 5.85 | 5.40 | 5.01 | 4.67 | 4.36 | 4.08 | 3.83 | 3.61 | 3.40 | | | | | | |
| | 4 | 12 | 20.1 | 12.00 | 10.52 | 9.30 | 8.31 | 7.49 | 6.80 | 6.21 | 5.70 | 5.26 | 4.87 | 4.52 | 4.22 | 3.94 | 3.69 | 3.46 | 3.26 | | | | | |
| 55 (R=56.8) | 2 | 6 | 38.9 | | | 6.00 | | | | 5.81 | 5.40 | 5.03 | 4.70 | 4.41 | 4.14 | 3.90 | | | | | | | | |
| | 4 | 12 | 21.3 | 12.00 | 11.26 | 9.96 | 8.91 | 8.04 | 7.30 | 6.68 | 6.14 | 5.67 | 5.25 | 4.88 | 4.56 | 4.26 | 4.00 | 3.76 | | | | | | |
| 52.5 (R=54.3) | 2 | 6 | 40.1 | | | 6.00 | | | | 5.59 | 5.21 | 4.88 | 4.57 | 4.30 | | | | | | | | | | |
| | 4 | 12 | 21.9 | 12.00 | 11.64 | 10.30 | 9.22 | 8.32 | 7.56 | 6.92 | 6.36 | 5.88 | 5.45 | 5.07 | 4.73 | 4.43 | 4.16 | | | | | | | |
| 50 (R=51.8) | 2 | 6 | 41.0 | | | 6.00 | | | | 5.74 | 5.36 | 5.01 | 4.70 | | | | | | | | | | | |
| | 4 | 12 | 22.4 | 12.00 | 11.93 | 10.56 | 9.45 | 8.53 | 7.76 | 7.10 | 6.53 | 6.03 | 5.60 | 5.21 | 4.87 | 4.56 | | | | | | | | |
| 47.5 (R=49.3) | 2 | 6 | 42.2 | | | 6.00 | | | | 5.95 | 5.56 | 5.20 | | | | | | | | | | | | |
| | 4 | 12 | 23.1 | 12.00 | 10.93 | 9.78 | 8.84 | 8.04 | 7.36 | 6.77 | 6.26 | 5.81 | 5.41 | 5.06 | | | | | | | | | | |
| 45 (R=46.8) | 2 | 6 | 45.0 | | | 6.00 | | | | | | | | | | | | | | | | | | |
| | 4 | 12 | 24.5 | 12.00 | 11.74 | 10.52 | 9.51 | 8.66 | 7.93 | 7.31 | 6.76 | 6.28 | 5.86 | | | | | | | | | | | |

◎ 小幅度处，吊重3.85t（2倍率），向外高速变幅

◎ 当达到80%时，自动切换成小于40m/min 低速向外变幅

◎ 当达到90%时，断续声光报警

◎ 当达到100%~110%时，持续声光报警，中止向外，起升，但可以下降向内

# 三、顶升加节

### ▶（一）顶升加节原理

**说明：**

顶升加节原理：

（1）顶升横梁放入踏步半圆孔，锁定安全销，准备顶升。

（2）开启油缸顶升至可放入1节标准节，引进标准节。

（3）安装标准节连接件，回缩油缸。

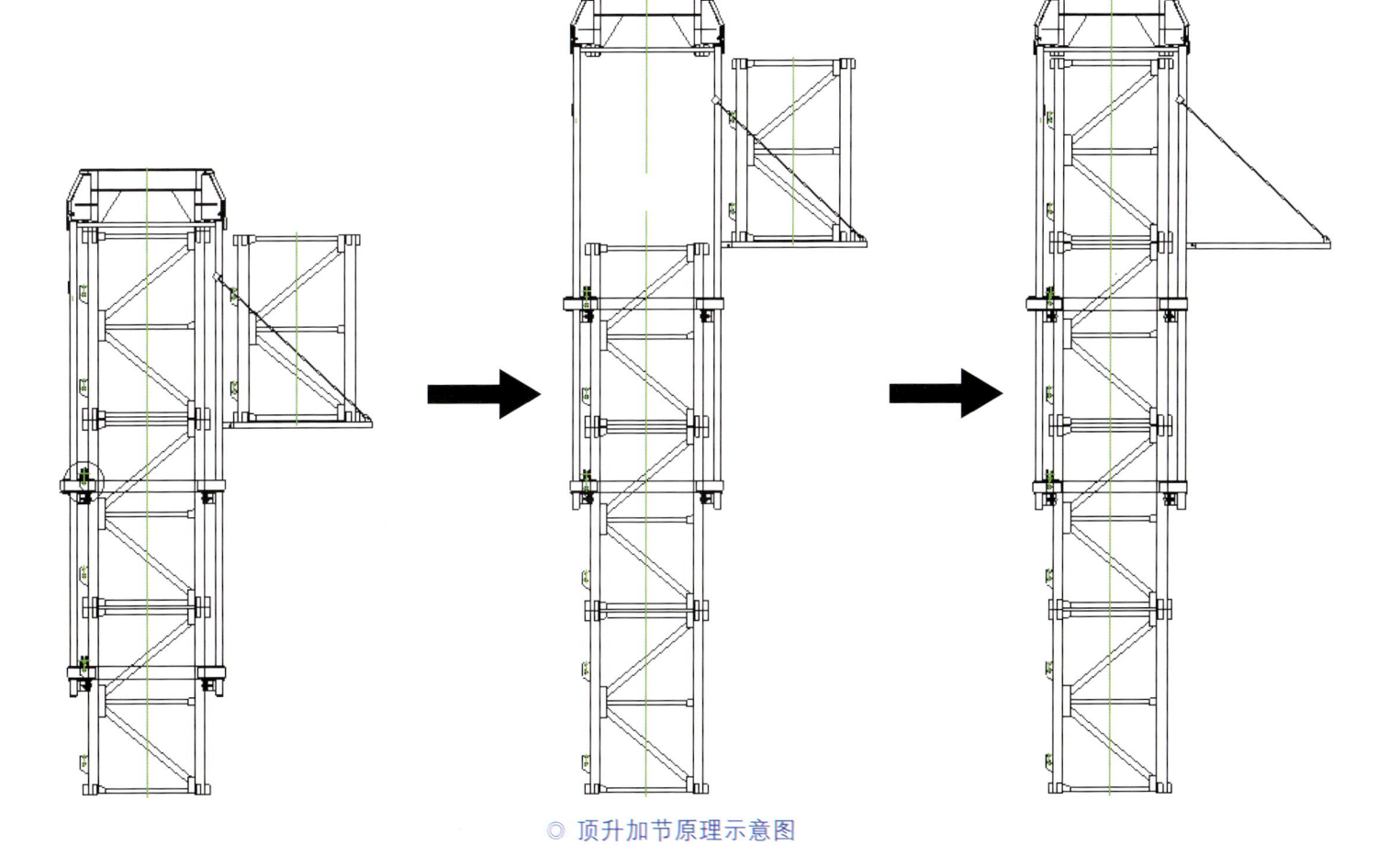

◎ 顶升加节原理示意图

### （二）顶升加节步骤

- 第一步　顶升前准备
- 第二步　条件核查
- 第三步　初次力矩配平
- 第四步　回转制动
- 第五步　拆卸塔身与下支座连接螺栓
- 第六步　二次力矩配平
- 第七步　开动油缸
- 第八步　引入标准节
- 第九步　连接新增标准节

#### 第一步　顶升前准备

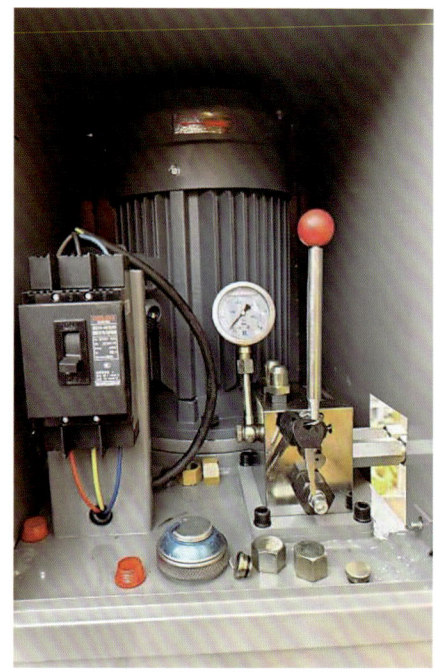

◎ 液压泵站实例

**说明：**
（1）现场塔顶风速≤12m/s，作业人员劳保用品佩戴齐全。
（2）按液压泵站要求给油箱加油并试运转正常。
（3）将顶升的标准节，在起重臂正下方排成一排。
（4）放松电缆长度略大于总的顶升高度，并紧固好电缆。
（5）检查顶升套架上的爬爪是否正常。
（6）将起重臂旋转至顶升套架正前方，此时顶升油缸正好位于平衡臂正下方。
（7）现场作业人员已分工明确，职责清楚，顶升作业班组长、现场专职安全员等已到位（主要管理人员与安装作业时相同，均应到位）。

第四章 平臂外套架式塔式起重机（平头、锤头）安装

### 第二步 条件核查

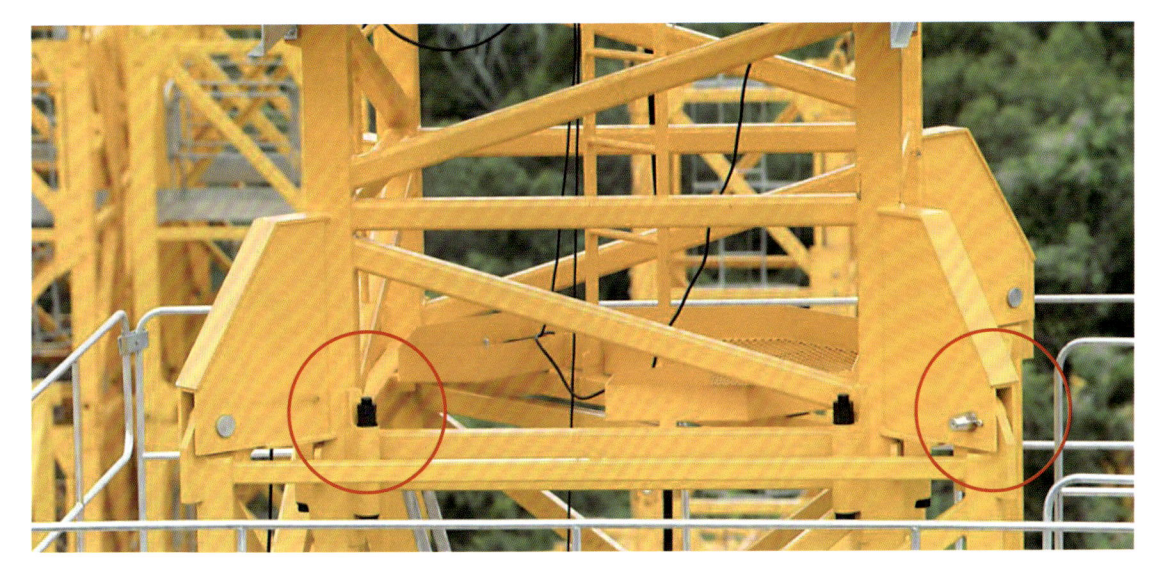

◎ 顶升套架、塔身节与回转下支座连接实例

**说明：**

确认塔身节、顶升套架与回转下支座连接件可靠连接，此为重大事故隐患控制要点。

注：两右图为某项目塔机拆卸过程中，未安装下支座与塔身标准节之间连接螺栓时，违章操作发生事故的照片。

◎ 顶升套架、塔身节与回转下支座未连接事故实例 1

◎ 顶升套架、塔身节与回转下支座未连接事故实例 2

# 第三步　初次力矩配平

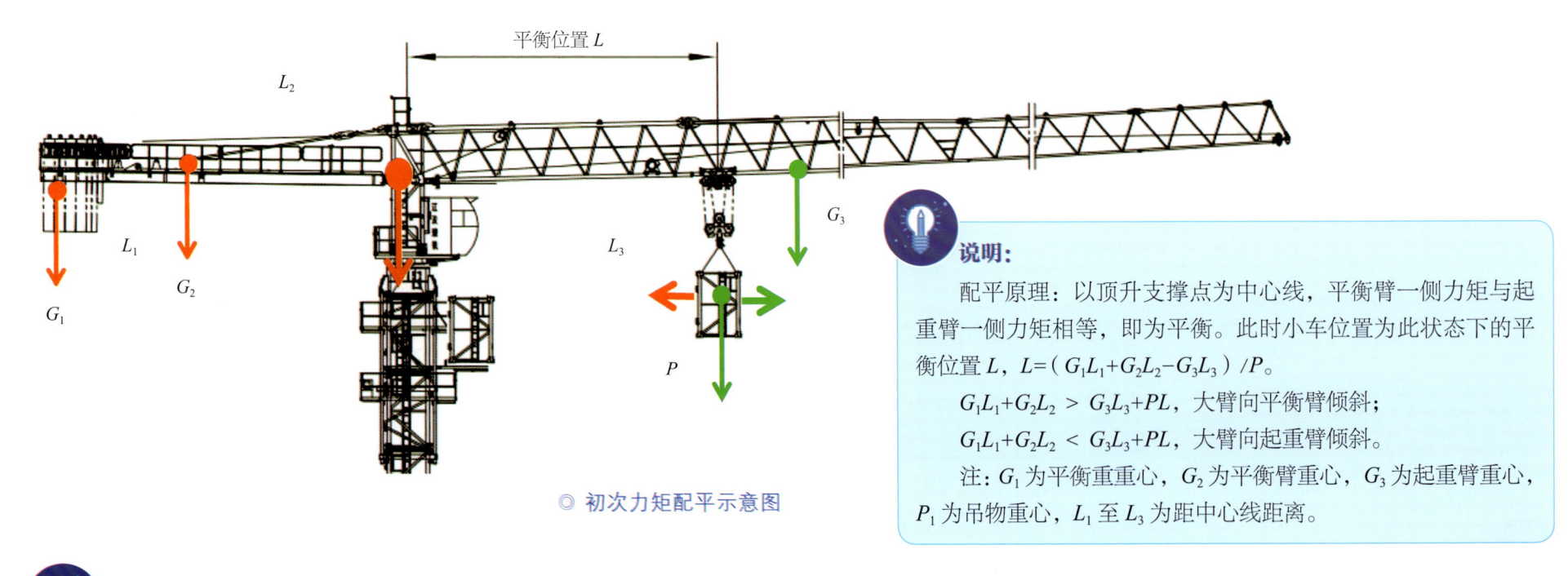

◎ 初次力矩配平示意图

**说明：**

配平原理：以顶升支撑点为中心线，平衡臂一侧力矩与起重臂一侧力矩相等，即为平衡。此时小车位置为此状态下的平衡位置 $L$，$L=(G_1L_1+G_2L_2-G_3L_3)/P$。

$G_1L_1+G_2L_2 > G_3L_3+PL$，大臂向平衡臂倾斜；

$G_1L_1+G_2L_2 < G_3L_3+PL$，大臂向起重臂倾斜。

注：$G_1$ 为平衡重重心，$G_2$ 为平衡臂重心，$G_3$ 为起重臂重心，$P_1$ 为吊物重心，$L_1$ 至 $L_3$ 为距中心线距离。

**说明：**

（1）吊起一个标准节，将小车开至标准节引进平台正上方，在标准节下端面四角处安装 4 个引进滚轮（两两对称），缓慢落下吊钩，调整引进滚轮使之合适地落在引进横梁上。

（2）配平确认：吊起另一节标准节（或其他重物），调整小车的位置，使得塔机的上部重心落在顶升油缸横梁的位置上（实际操作中，下支座支腿与塔身主弦杆基本在一条垂直线上，顶升套架上全部滚轮与塔身主弦杆间隙（2～3mm）基本相同，即为初次力矩配平确认）。

◎ 滚轮与塔身间隙均匀实例

第四章　平臂外套架式塔式起重机（平头、锤头）安装

### 第四步　回转制动

**说明：**

（1）使用回转机构上的回转制动器，使塔机上部机构处于制动状态（应急可采用木楔、硬杂木插入回转齿轮啮合处等方式），防止被风吹动，顶升时严禁有回转、变幅、起升运动。

（2）专职司机未得到安装班组长指令时，禁止操作塔机。

◎ 回转机构实例

### 第五步　拆卸塔身与下支座连接螺栓

◎ 拆卸回转支座与塔身节连接螺栓实例

**说明：**
卸下塔身与下支座连接件，并由带班人员确认。

# 第六步　二次力矩配平

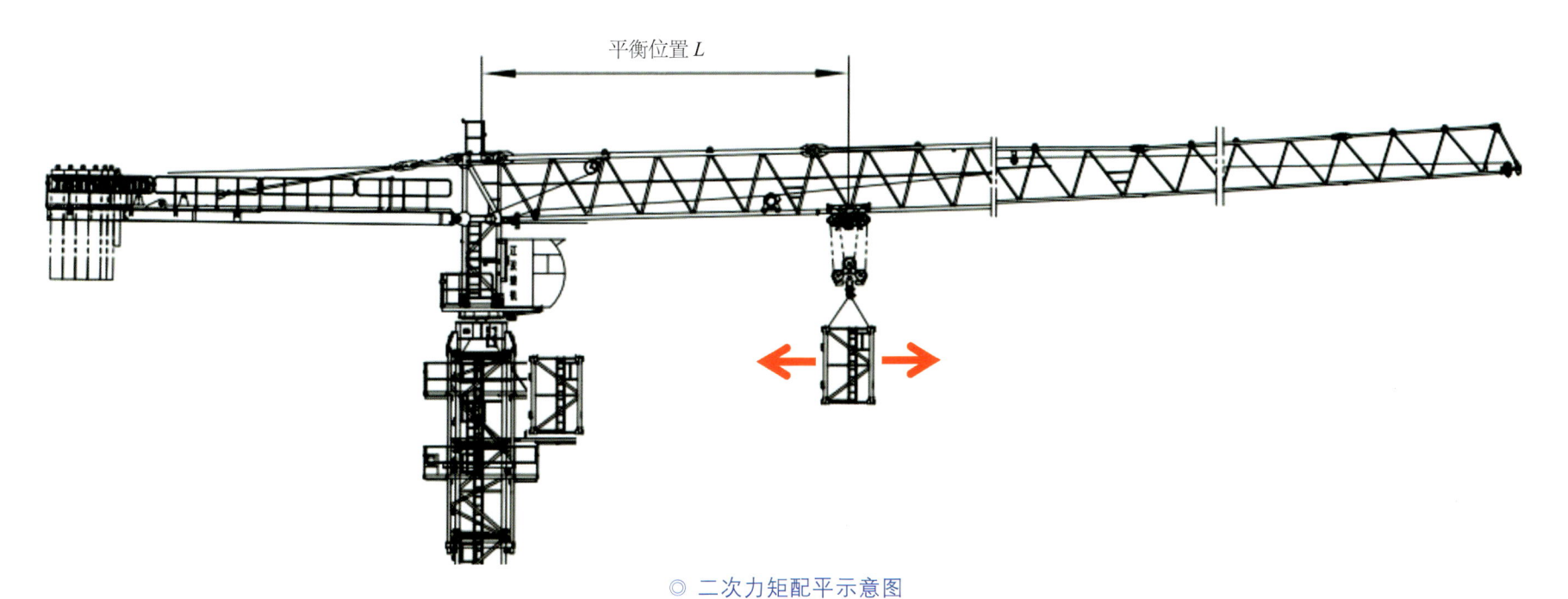

◎ 二次力矩配平示意图

> **说明：**
> （1）微动调节小车位置，套架全部滚轮与塔身标准节间隙（2～3mm）均匀即认为力矩调平。
> （2）经顶升 10cm 左右，带载保压 20s 左右正常即确认配平且符合继续顶升作业。
> 注：二次力矩配平是下支座与塔身连接件拆卸后，微调小车位置，前后臂力矩进一步达到平衡，使塔机状态更加稳定。

◎ 导轮与塔身间隙均匀实例

塔式起重机安拆手册

### 第七步 开动油缸

◎ 顶升横梁销轴落入踏步圆孔实例 　　◎ 锁定顶升横梁安全销实例 　　◎ 横梁未正确搁置倾覆实例 　◎ 顶升横梁安全销缺失实例

◎ 开动油缸顶升实例

**说明：**

液压系统检查

（1）接好电源，闭合断路器，注意电机的转向应正确。

（2）检查胶管的连接是否与原理图相符。

（3）手动换向阀的操纵手柄处于中位时，启动电机，泵站无异常响声。

（4）使用前使油缸空载往复运行10次以上，排尽油缸中的空气；观察往复运行过程中压力表读数，读数需稳定。

（5）操作泵站手动换向阀，使油缸在全缩回情况下，泵站油箱液压油必须达到液位计上标线位置。

**说明：**

（1）开动油缸前，带班人员确认套架与回转支座连接且可靠。

（2）开动液压系统，伸长油缸，顶升横梁销轴插入标准节踏步半圆孔内。继续伸出油缸，再稍缩油缸，将爬爪搁在上节标准节踏步上。

（3）转动顶升横梁销轴锁紧装置，抽出踏步圆孔内，收回油缸一个踏步行程，重新将顶升横梁销轴插在上一踏步圆孔内，并转动销轴锁紧安全销。

（4）再次全部伸出油缸，至塔身上方恰好能有装入一个标准节的空间。

（5）每次换步，顶升前均应顶升10cm，带载保压20s左右方可继续顶升。

# 第四章 平臂外套架式塔式起重机（平头、锤头）安装

### 第八步 引入标准节

◎ 标准节结构缺陷实例

◎ 标准节的斜撑杆开裂实例

◎ 斜撑杆、主肢杆随意加固实例

◎ 标准节的连接螺栓松动实例

◎ 引进标准节实例

**说明：**

拉动放在引进梁上的标准节，把标准节引至塔身的正上方，操纵换向阀手柄，稍缩油缸，对准标准节连接套孔，缓缓落塔，当标准节下平面与原塔身上平面接触后，取出引进滚轮。

### 第九步 连接新增标准节

◎ 安装下部连接螺栓实例

◎ 安装上部与回转支座连接螺栓实例

**说明：**
（1）安装标准节（新增节）与原塔身之间两两对角连接。
（2）缓慢收回油缸，至塔身上平面与下支座支腿完全接触，最后安装塔身与下支座连接件。
（3）至此完成了一节标准节模块的加节工作，如继续加装标准节，则重复上面第三步至第九步步骤即可，且最终应确认塔身与下支座连接到位。

**注意：**
（1）顶升后塔机自由端高度严禁超出说明书或施工专项方案要求的自由端高度。
（2）套架与回转支座、标准节与回转支座未及时连接，容易造成上部结构失衡。
（3）配平后，每一标准节模块的安装始于标准节与回转支座连接的拆除，终于标准节与回转支座的恢复连接。

## 四、附着安装

**说明：**

（1）当塔机自由端高度超出规定时，应及时安装附着装置。

（2）附着装置的设置、间距、预埋件等均应符合使用说明书的要求，不符合时，应经过厂家确认或专家论证。

（3）附着装置预埋处混凝土结构尺寸、强度等应与附着最大载荷相匹配，预埋处结构安全应经结构设计单位确认，且应确保预埋点在同一标高。

（4）在塔身与附着点同一水平面处搭建扶手架及跳板，将直角框架吊至跳板上，组装连接成附着框架。将附着框与标准节顶紧，固定在塔身上。为防止附着框架因螺杆松动下沉，可以用吊索或支撑将框架固定。

（5）在地面上粗调附着杆长度，使之与现场实际长度大致相符，再吊起附着撑杆组合，一端与附着框架连接，另一端与建筑物上的附着架连接。

（6）附着框架位置一般应在标准节水平腹杆处，离水平腹杆距离一般不超过200mm，附着框应与塔身贴合紧密。

（7）附着框内撑杆的设置应符合说明书要求，至少在最上面一道附着框内设置。

（8）调整附着杆的水平度不超过杆长度的1%，所有附着杆件应保持在一个平面内。

（9）安装附着装置时，用经纬仪检查塔身轴线的垂直度，保证其垂直度偏差：最高附着点以下不超过2‰，以上不得超过4‰（台风季3.5‰），通过微调调节螺栓来实现。

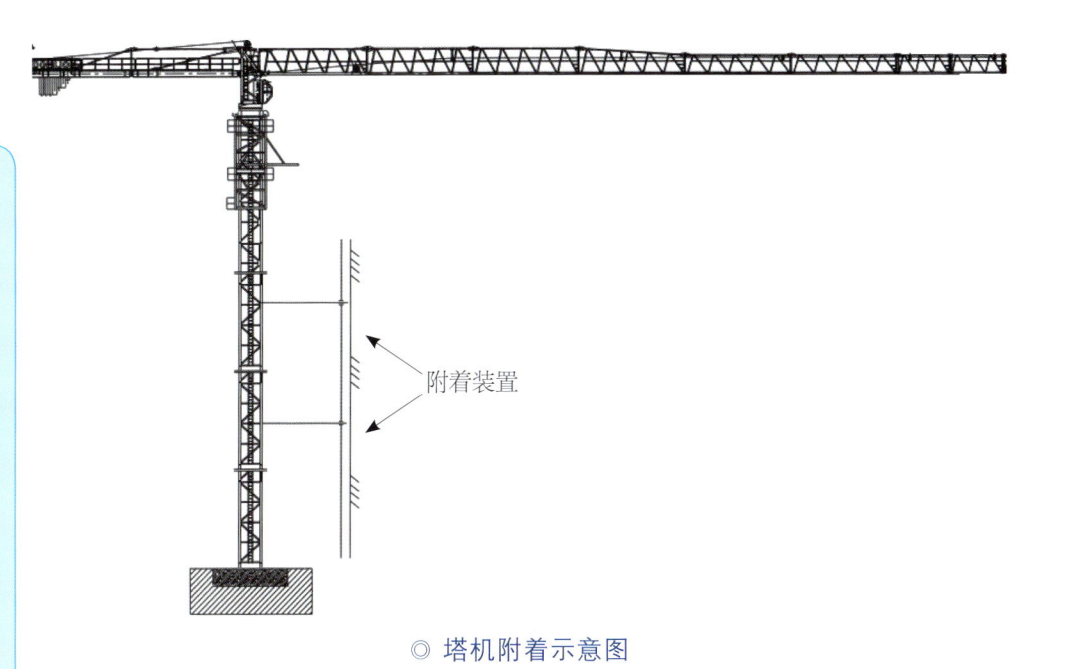

◎ 塔机附着示意图

◎ 预埋螺栓与建筑结构主筋未有效拉接，混凝土结构和基座板破坏实例

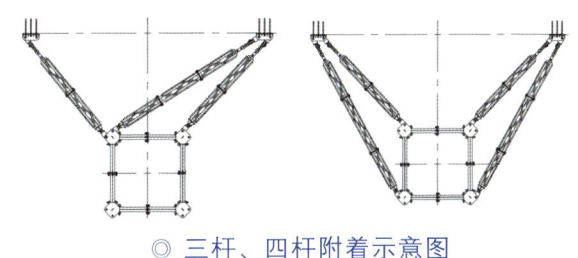

◎ 三杆、四杆附着示意图

◎ 附着杆件超长未卸荷实例 　　　　　　　　　　◎ 附着预埋支座左右标高偏差大实例

◎ 附着框连接处间隙过大实例 　◎ 附着拉杆连接销轴与销孔不匹配实例 　◎ 剪力墙混凝土严重缺陷实例 　◎ 锚固处墙体开裂实例

# 第五章 平臂外套架式塔式起重机（平头、锤头）拆卸

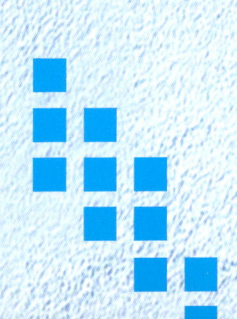

## 塔式起重机安拆手册

```
平臂外套架式塔式起重机（平头、锤头）拆卸
├── 拆卸准备
├── 顶升降节
│   ├── 顶升降节原理
│   └── 顶升降节步骤
├── 附着拆卸
└── 辅助拆卸
    ├── 钢丝绳拆卸
    ├── 电气拆卸
    ├── 大臂拆卸
    └── 塔身拆卸
```

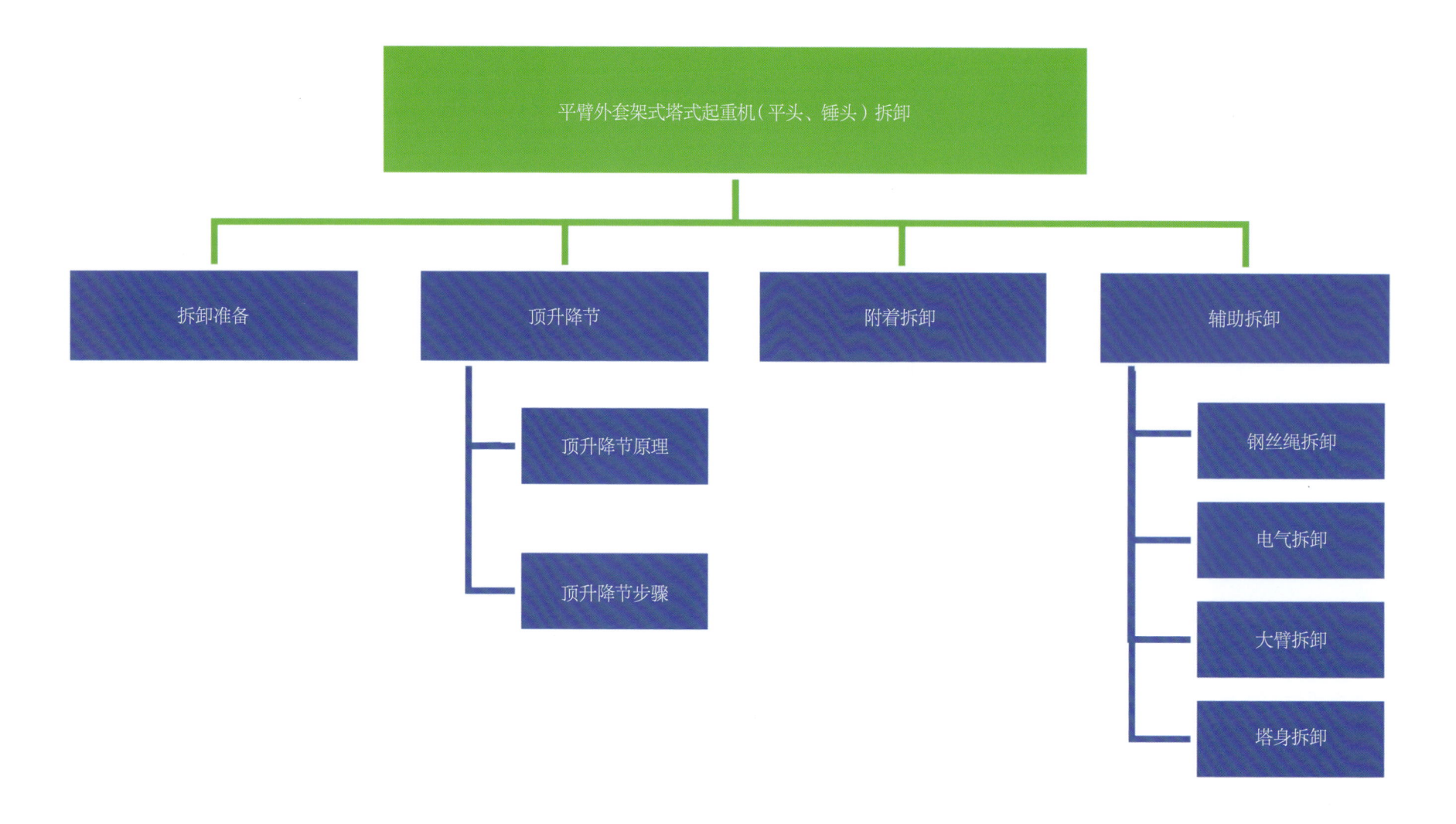

# 第五章 平臂外套架式塔式起重机（平头、锤头）拆卸

## 一、拆卸前准备

◎ 拆卸前安全技术交底实例

**说明：**

（1）专项拆除方案已完成审批手续。
（2）辅助吊装设备设施等现场组装完成，验收合格。
（3）塔机运行状况良好，顶升机构运转正常。
（4）安装现场风速符合要求（3s 平均瞬时最大风速≤12m/s），天气条件良好，已设置警戒区域。
（5）安拆作业人员持证上岗，进行安全教育、技术交底（包含安装作业流程），个人安全防护用品佩戴齐全。
（6）安拆单位专职安全生产管理人员、项目安拆技术负责人和施工单位专职安全员、机管员及监理单位专监等主要管理人员应到位。
（7）拆卸前要求提前 1 周对塔身主要连接预拆除部分做一次维护保养。

## 二、顶升降节

### （一）顶升降节原理

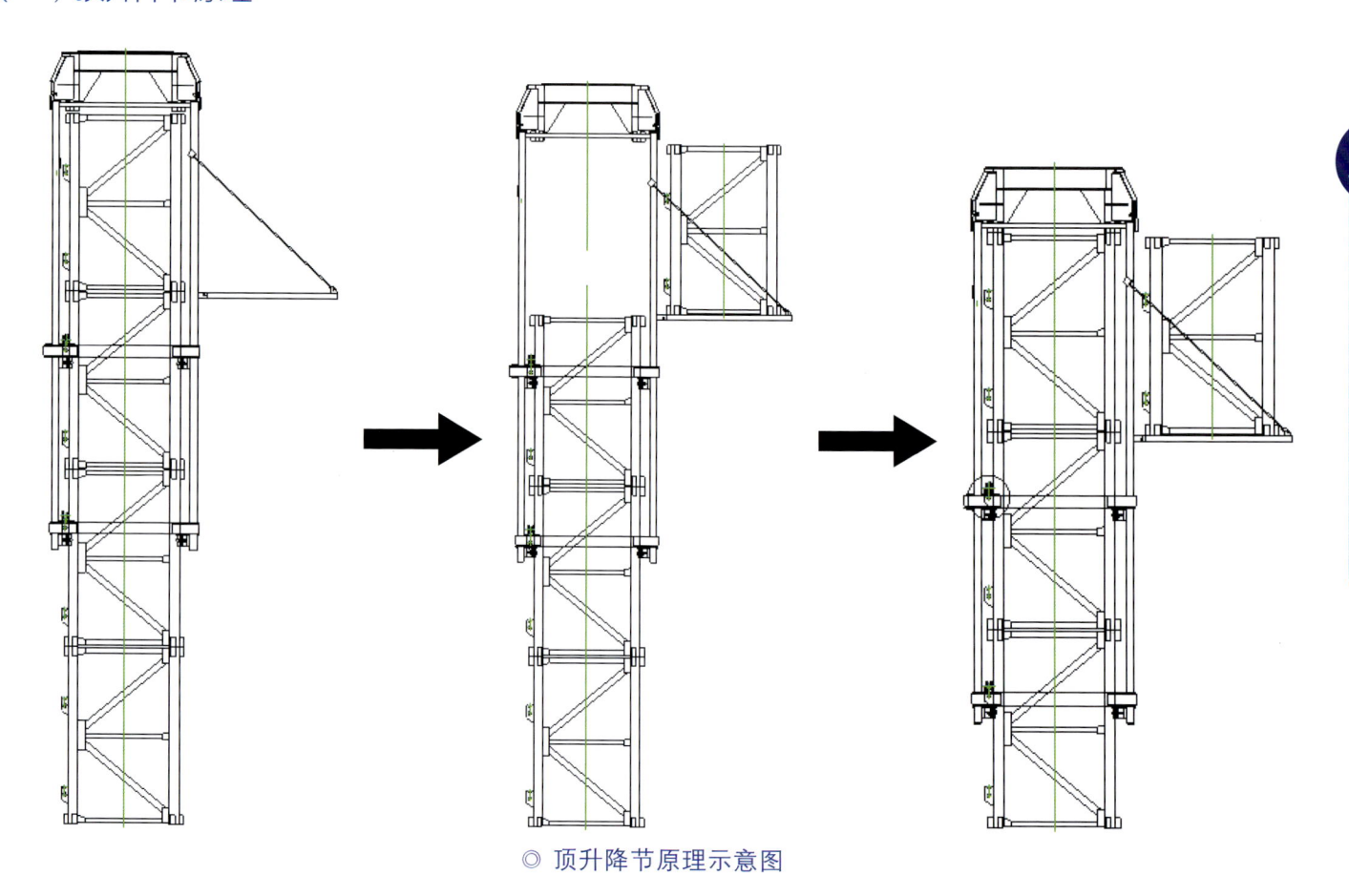

◎ 顶升降节原理示意图

> **说明：**
> 顶升降节原理：
> （1）顶升横梁放入踏步半圆孔，锁定安全销，准备顶升。
> （2）开启油缸顶升约10cm，拆卸标准节连接件，推出标准节至引进平台。
> （3）回缩油缸，安装下一节标准节连接件。

## （二）顶升降节步骤

第一步　条件核查
第二步　初次力矩配平
第三步　回转制动
第四步　拆卸塔身与下支座螺栓
第五步　二次力矩配平
第六步　开动油缸
第七步　拆除标准节底部连接件
第八步　推出标准节
第九步　回缩油缸
第十步　安装连接件
第十一步　吊走标准节

### 第一步　条件核查

◎ 核查顶升套架、标准节与支座连接实例

**说明：**
核查各结构连接情况，重点检查顶升套架、塔身标准节与支座之间的连接情况。

## 第二步　初次力矩配平

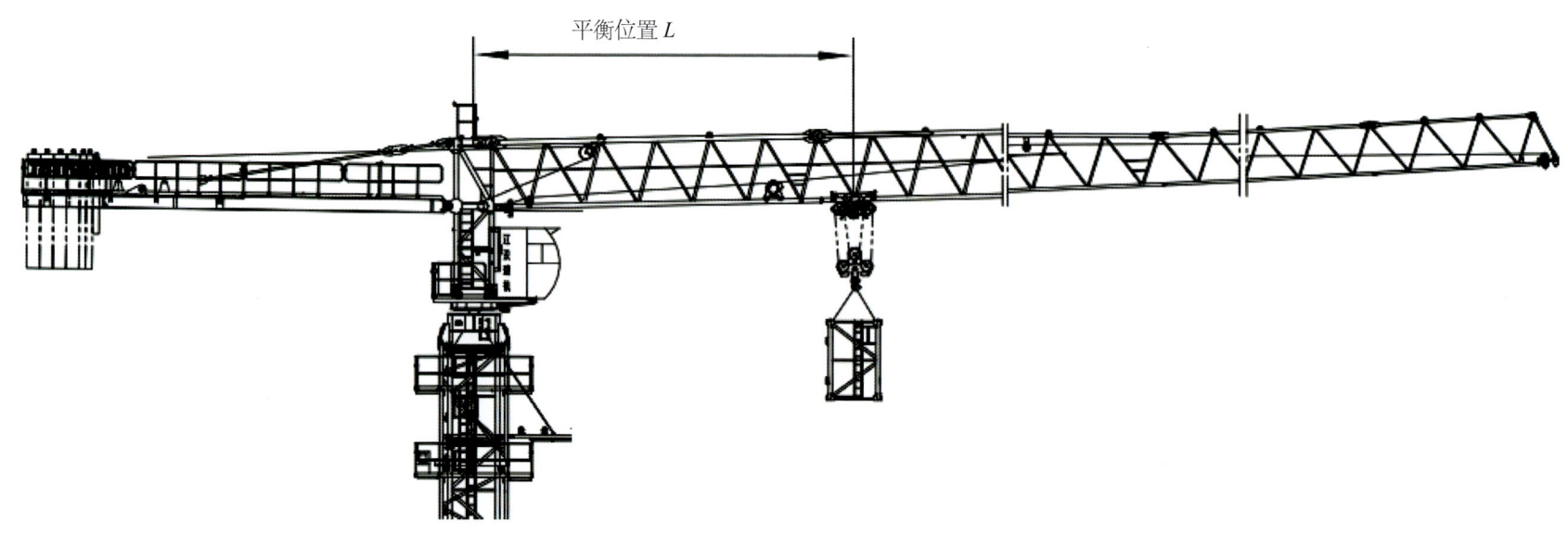

平衡位置 L

◎ 初次力矩配平示意图

**说明：**

将起重臂回转到标准节的引进方向（即顶升套架开口一侧），吊起一节标准节（或重物），调整小车的位置，使得塔机的上部重心落在顶升油缸横梁的位置上（实际操作中，下支座支腿与塔身主弦杆基本在一条垂直线上，顶升套架上全部滚轮与塔身主弦杆间隙（2～3mm）基本相同，处于预接触未接触状态，即为初次力矩配平）。

注：参考第四章安装章节力矩配平过程。

# 第五章　平臂外套架式塔式起重机（平头、锤头）拆卸

### 第三步　回转制动

◎ 回转机构实例

**说明：**

（1）使用回转机构上的回转制动器，使塔机上部机构处于制动状态（必要时可采用木楔插入回转齿轮啮合处等方式），防止被风吹动，顶升时绝对不允许有回转、变幅、起升运动。

（2）专职司机未得到安装班组长指令时，禁止操作塔机动作。

## 第四步 拆卸塔身与下支座连接螺栓

◎ 拆卸塔身与下支座连接螺栓实例

**说明：**
　　拆除塔身最上面一节标准节与回转下支座的连接件，顶升套架与回转下支座的连接件及其他部位连接件在未进入套架拆除工序前，从始至终不得拆除，带班人员应对拆除情况检查确认。

# 第五章　平臂外套架式塔式起重机（平头、锤头）拆卸

## 第五步　二次力矩配平

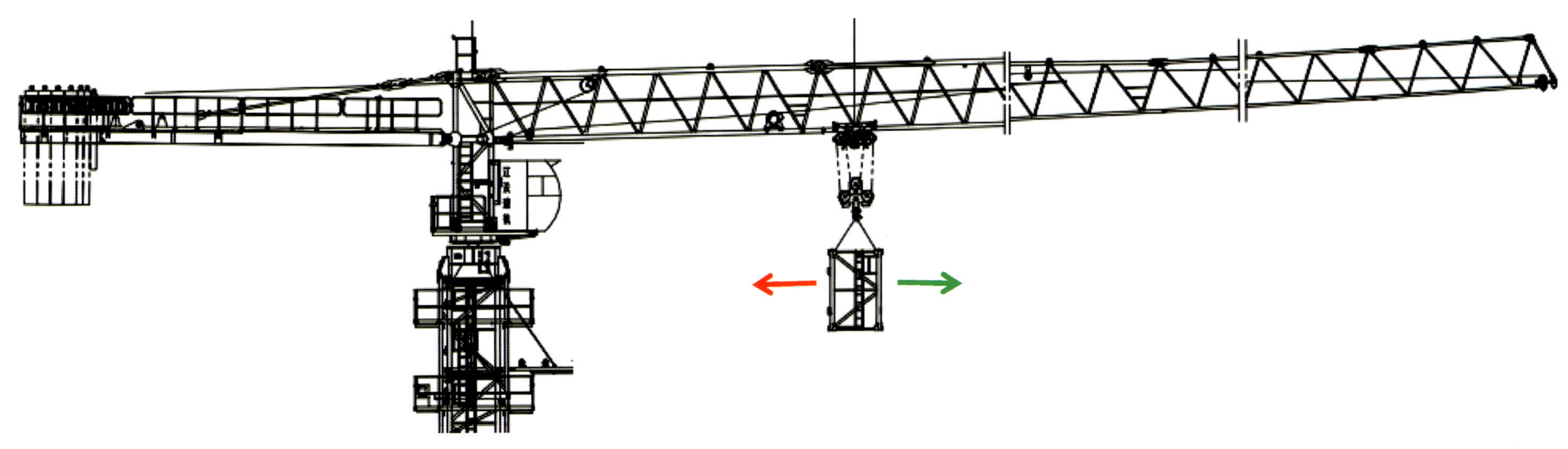

◎ 二次力矩配平示意图

> **说明：**
> 微动调节小车位置，套架全部滚轮与塔身标准节间隙（2～3mm）均匀，即认为力矩调平。
> 注：可参照第四章二次力矩配平过程。

### 第六步　开动油缸

◎ 顶升横梁放入踏步圆孔实例 　　　　◎ 锁定防脱销实例 　　　　◎ 开动油缸顶升实例

**说明：**

液压系统检查：

（1）接好电源，闭合断路器，注意电机的转向应正确。

（2）检查胶管的连接是否与原理图相符。

（3）手动换向阀的操纵手柄处于中位时，启动电机，泵站无异常响声。

（4）使用前使油缸空载往复运行 10 次以上，排尽油缸中的空气；观察往复运行过程中压力表读数，读数需稳定。

（5）操作泵站手动换向阀，使油缸在全缩回情况下，泵站油箱液压油必须达到液位计上标线位置。

**说明：**

（1）开动液压系统，伸长油缸，顶升横梁销轴插入标准节踏步半圆孔内，转动顶升横梁销轴锁紧装置。

（2）继续使油缸全部伸出，将上部结构顶起，至回转支座与标准节脱离 2～5cm，停止顶升。

第五章　平臂外套架式塔式起重机（平头、锤头）拆卸

## 第七步　拆除标准节底部连接件

◎ 拆卸底部连接件实例　　　　　　　　　　◎ 拆卸支座连接件实例

**说明：**
拆除标准节与下一节标准连接件、标准节与下支座连接件。

塔式起重机安拆手册

### 第八步　推出标准节

◎ 推出标准节实例

**说明：**
缓缓推出标准节，将标准节放在引进平台上。

### 第九步　回缩油缸

◎ 开动油缸下降实例

> **说明：**
> （1）稍缩油缸，将爬爪搁在从上数第一个标准节的上一个踏步上。
> （2）转动顶升横梁销轴锁紧装置，抽出踏步圆孔；伸出油缸，将顶升横梁销轴搁入从上数第一个标准节下一个踏步圆孔内，并转动销轴锁紧安全销内。
> （3）收回油缸，将爬爪搁在从上数第一个标准节的下一个踏步半圆孔内，重复步骤（2），将顶升横梁销轴搁入从上数第二个标准节上一个踏步圆孔内，并锁紧销轴，直至下支座与塔身标准节接近。

塔式起重机安拆手册

### 第十步　安装连接件

◎ 安装下支座与塔身标准节连接件实例

**说明：**
安装下支座与塔身标准节的连接件，带班人员确认下支座与塔身连接件可靠连接，方可进入下一工序。

第五章 平臂外套架式塔式起重机（平头、锤头）拆卸

### 第十一步　吊走标准节

**说明：**

（1）开动小车吊走拆除的标准节。

（2）重复以上步骤，将塔身降至预定高度或需要辅助拆卸的高度。

◎ 吊走拆卸的标准节实例

## 三、附着拆卸

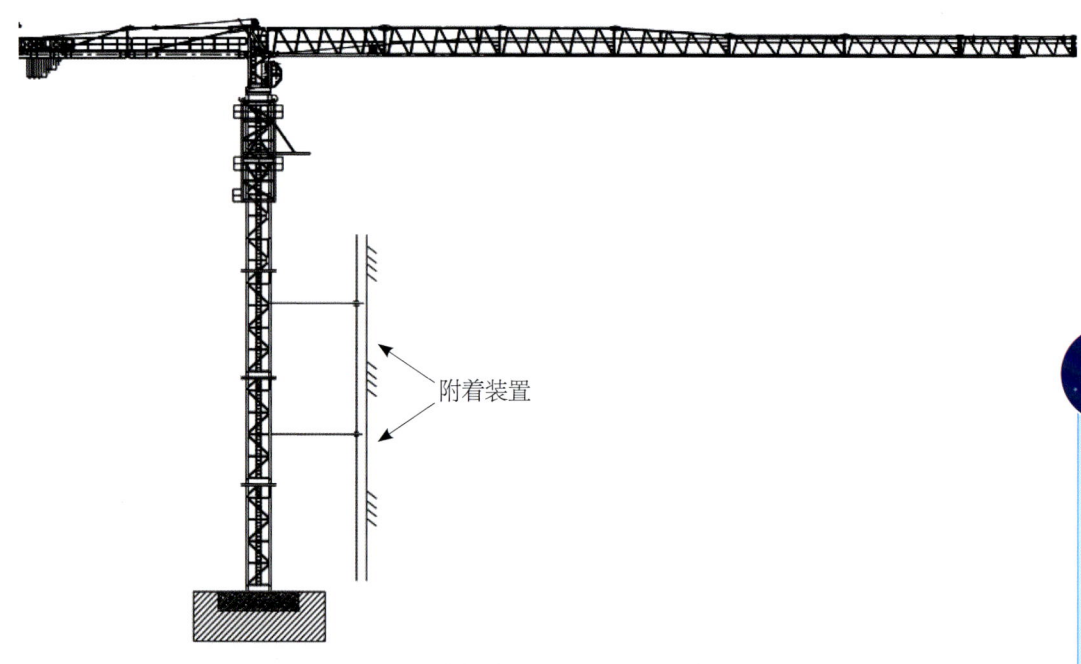

◎ 塔机附着示意图

◎ 上、下交叉作业实例 　　◎ 平台堆放杂物实例

**说明：**

（1）当自由端高度超出规定时，严禁拆除附着装置。应先降低到自由端允许高度后确认该道附着拆除后，自由端高度不超高，方可拆卸附着装置。

（2）在塔身与附着点同一水平面处搭建扶手架及跳板，顶紧附着框架与塔身，将附着框架固定在塔身上。调整附着上部塔机重心处于塔身中心位置。将附着力平传递载荷降至最低，接近0。

（3）吊住附着杆件防止附着杆拆除失衡掉落，做到拆保结合。拆除杆件与附着框和预埋板件的连接销轴，将杆件吊起降至地面。依次拆除其他附着杆件。

（4）拆除附着框。

（5）拆除扶手架及跳板。

## 四、辅助拆卸

▶（一）钢丝绳拆卸

**说明：**
（1）将载重小车开至臂端，放下吊钩至地面，使起升钢丝绳不受外力。
（2）用钢丝绳夹将起升钢丝绳固定在挡绳杆处，并从防扭装置上卸下楔形接头。
（3）缓慢开动起升机构，并提起吊钩离地面 1m 高处，检查钢丝绳是否固定牢固。
（4）启动变幅机构，将载重小车开至臂根，放下吊钩至地面。
（5）拆除楔形接头和钢丝绳夹，用一根胶绳将起升钢丝绳缓慢下吊至地面。
（6）缓慢启动起升机构，依次从载重小车和吊钩的滑轮组、起重量限制器滑轮和塔顶导向滑轮中收回钢丝绳至卷筒内，并检查钢丝绳，如发现钢丝绳不符合国家有关标准中的规定，应及时更换。

## （二）电气拆卸

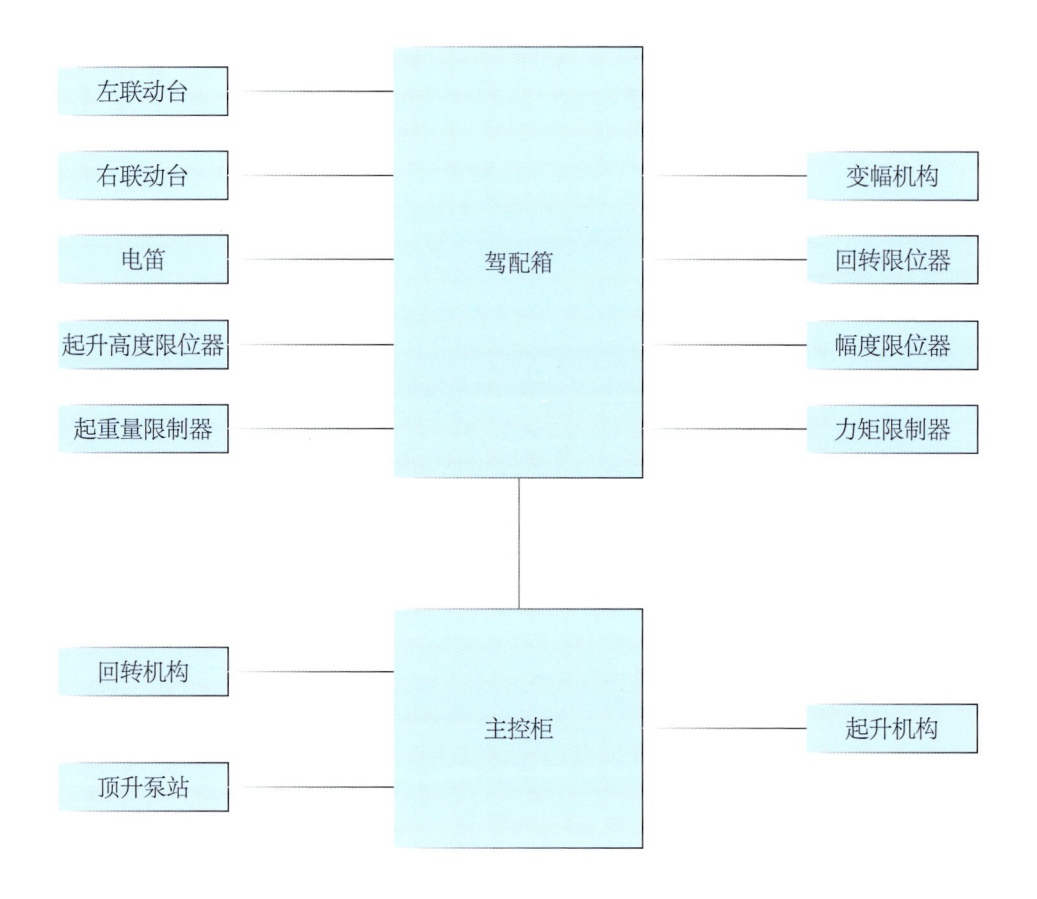

```
左联动台 ─────┐
右联动台 ─────┤          ┌───── 变幅机构
电笛 ─────────┤  驾配箱  ├───── 回转限位器
起升高度限位器 ┤          ├───── 幅度限位器
起重量限制器 ─┘          └───── 力矩限制器
                 │
回转机构 ─────┐          
              │  主控柜  ├───── 起升机构
顶升泵站 ─────┘          
```

> **说明：**
> 拆卸起重臂、平衡臂、塔头、回转机构等连接电气线路。

▶（三）大臂拆卸

> 第一步　部分平衡重拆卸
> 第二步　起重臂总成拆卸
> 第三步　剩余平衡重拆卸
> 第四步　平衡臂总成拆卸

◎ 平衡臂

◎ 起重臂

## 第一步　部分平衡重拆卸

◎ 吊走平衡重块实例　　　　　　　　　　　　　◎ 保留必要的平衡重实例

> **说明：**
> 将小车固定在起重臂根部，按安装配重块的相反顺序，将各配重块依次拆下，仅留下必要的平衡重（按照安装时或说明书要求）。

## 第二步 起重臂总成拆卸

◎ 吊点挂绳实例

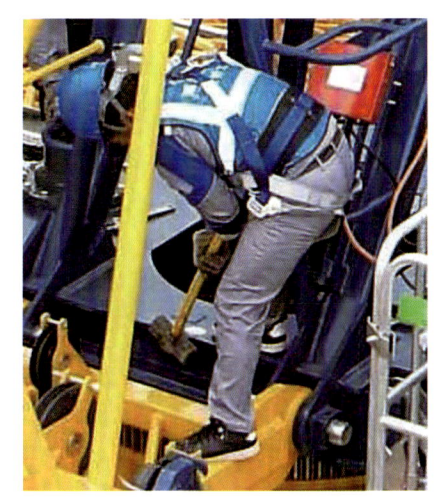

◎ 拆根部销轴实例

◎ 拆卸拉杆销轴实例

◎ 吊走起重臂实例

**说明：**

（1）用汽车起重机轻轻将起重臂往上抬起，拆下起重臂与回转塔身上的连接销轴，吊起起重臂放在预先准备的支架上。

（2）锤头塔的起重臂一般是整体拆除，此工况需要较大起重能力的辅助起重机械。

（3）平头塔的起重臂原则上应分2段以上拆卸。

### 第三步　剩余平衡重拆卸

◎ 吊走剩余平衡重实例

# 第四步　平衡臂总成拆卸

◎ 拆卸平衡臂实例

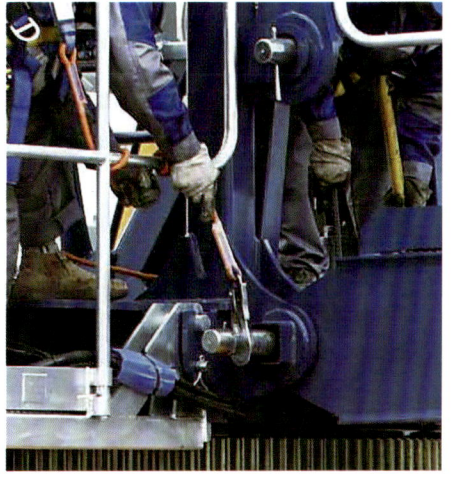

◎ 拆卸平衡臂根部销轴实例

◎ 拆卸拉杆销轴实例

**说明：**
（1）轻轻提起平衡臂，放松拉杆，拆卸拉杆上的销轴。
（2）吊平平衡臂，拆除回转塔身平衡臂的连接销轴，将平衡臂降至地面。

## （四）塔身拆卸

第一步　塔头、回转塔身拆卸
第二步　回转总成拆卸
第三步　顶升套架拆卸
第四步　剩余塔身拆卸

◎ 塔身节 　　　　　　　◎ 顶升套架 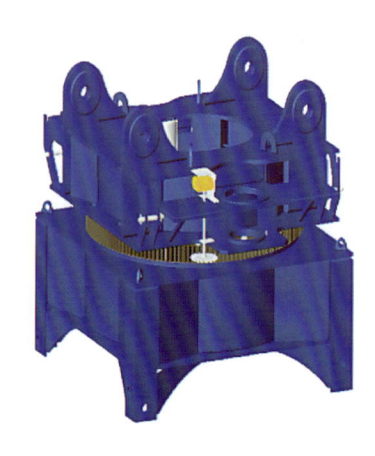　　　　　　　◎ 回转总成

◎ 过渡节 　　　　　　　◎ 塔头 　　　　　　　　　◎ 平头塔塔头

第五章　平臂外套架式塔式起重机（平头、锤头）拆卸

### 第一步　塔头、回转塔身拆卸

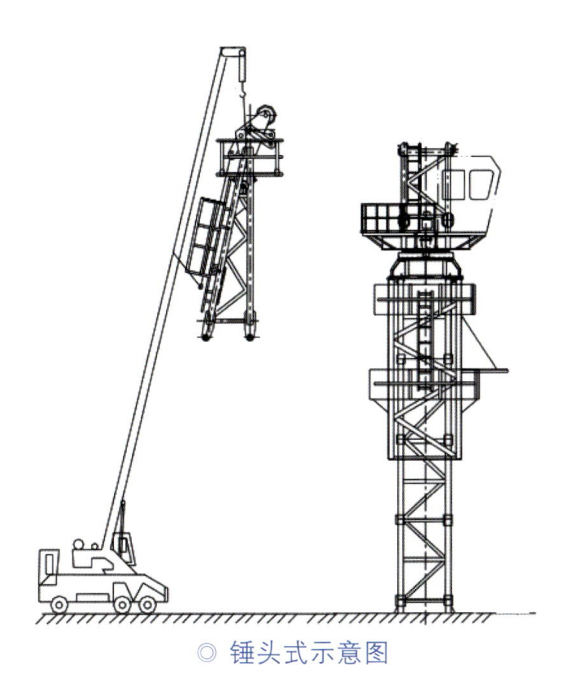

◎ 锤头式示意图　　　　◎ 平头式示意图　　　　◎ 吊走回转塔身示意图

**说明：**
（1）拆除塔头连接件，吊起塔头降至地面。
（2）拆除回转塔身连接件，吊起回转塔身降至地面。
注：部分机型塔头和回转总成可以整体拆卸吊装。

## 第二步　回转总成拆卸

◎ 拆卸回转总成螺栓实例　　　　　　　　　◎ 吊走回转总成实例

**说明：**
（1）拆除回转总成与塔机连接的电缆和控制线。
（2）拆掉下支座与塔身的连接件，吊起回转总成放置地面
注：部分机型回转总成可以和塔头、回转塔身等部件整体拆卸吊装。

第五章　平臂外套架式塔式起重机（平头、锤头）拆卸

### 第三步　顶升套架拆卸

◎ 爬爪搁置在踏步上实例　　　◎ 拆卸护栏实例　　　◎ 吊走顶升套架实例

**说明：**
（1）伸长顶升油缸，将顶升横梁销轴插入标准节上踏步圆孔内稍稍顶紧，拆掉下支座与顶升套架的连接销轴，收回油缸，爬爪落在踏步上。
（2）拆卸平台液压系统、栏杆等。
（3）吊起顶升套架放置地面。

## 塔式起重机安拆手册

### 第四步　剩余塔身拆卸

◎ 塔身拆卸标准节实例

◎ 转换节存在结构隐患实例

◎ 拆卸基础节实例

**说明：**
依次由上而下吊起剩余塔身标准节，直至基础节拆除。

# 第六章 平臂外套架式塔式起重机安装模块化标准作业

✦ 提示：

本章以平臂外套架式塔机（平头、锤头）的安装为例。

本流程表主要用于新手和新组安拆班组培训，实际安拆作业可参照执行。

## 一、一般规定

（1）根据《关于进一步加强建筑起重机械安装拆卸安全管理的通知》（厦建质安〔2024〕18号），建机一体化企业在塔机安拆前应制定《塔机安拆作业实施流程表》，分阶段按作业步骤逐条规范作业内容，各指挥、作业人员口令及动作，作业实施情况等，并依表实施指挥和作业。本章平臂外套架式塔机安装作业实施流程表可作为制订各类塔机安拆作业实施流程表的参照。

（2）《塔机安拆作业实施流程表》主要用于施工总承包单位的监控和监理旁站以及建机一体化企业项目负责人、操作面带班管理人员明确整个作业流程，便于各自履职，实际安拆作业可参照执行。

（3）塔机安拆正式实施前，应对照厦建质安〔2024〕18号文中《建筑起重机械进场检查核验表》和《建筑起重机械安装（拆卸）施工前条件核查表》完成相关工作，如不通过，严禁开始安拆作业。

（4）安拆过程中，施工单位和建机一体化企业应对照厦建质安〔2024〕18号文中《建筑起重机械安装（拆卸）监控记录表》和《建筑起重机械安拆作业重要节点核查表》做好相关工作。

（5）建机一体化企业项目负责人为安拆作业总指挥；安拆班组长应具体明确安拆模块作业中的分工，指挥所有安拆作业人员及安拆辅助人员和起重设备；信号司索工可在塔机或辅助起重机械执行吊装操作时，按规定组织司机进行相关具体操作；其他人员间的分工协作，应经建机一体化企业项目负责人和安拆班组长允许和确认。

（6）指挥与分工协作的口令用语应规范，做到准确、简明、清晰，必要时可采用信号方式；当口令或信号传递困难时，应采用对讲机等有效措施进行。

（7）安拆作业过程中，任何安拆作业相关人员发现紧急情况需立即停止作业时，均可发出"停止作业"口令，并立即向建机一体化企业项目负责人和安拆班组长报告。建机一体化企业项目负责人或安拆班组长组织紧急情况处置，经确认安全后，方可继续安拆作业。

（8）为便于身份识别，安拆作业现场，各类人员按以下规定着装：建机一体化企业项目负责人、现场技术负责人、专职安全员着红色马甲、戴红色安全帽，安拆班组长着绿色马甲、戴黄色安全帽，安拆作业人员和其他辅助人员着蓝色马甲、戴蓝色安全帽，马甲及安全帽以文字标示企业名称和编号，马甲左胸前可贴标明岗位的胸标。

## 二、安装作业流程图

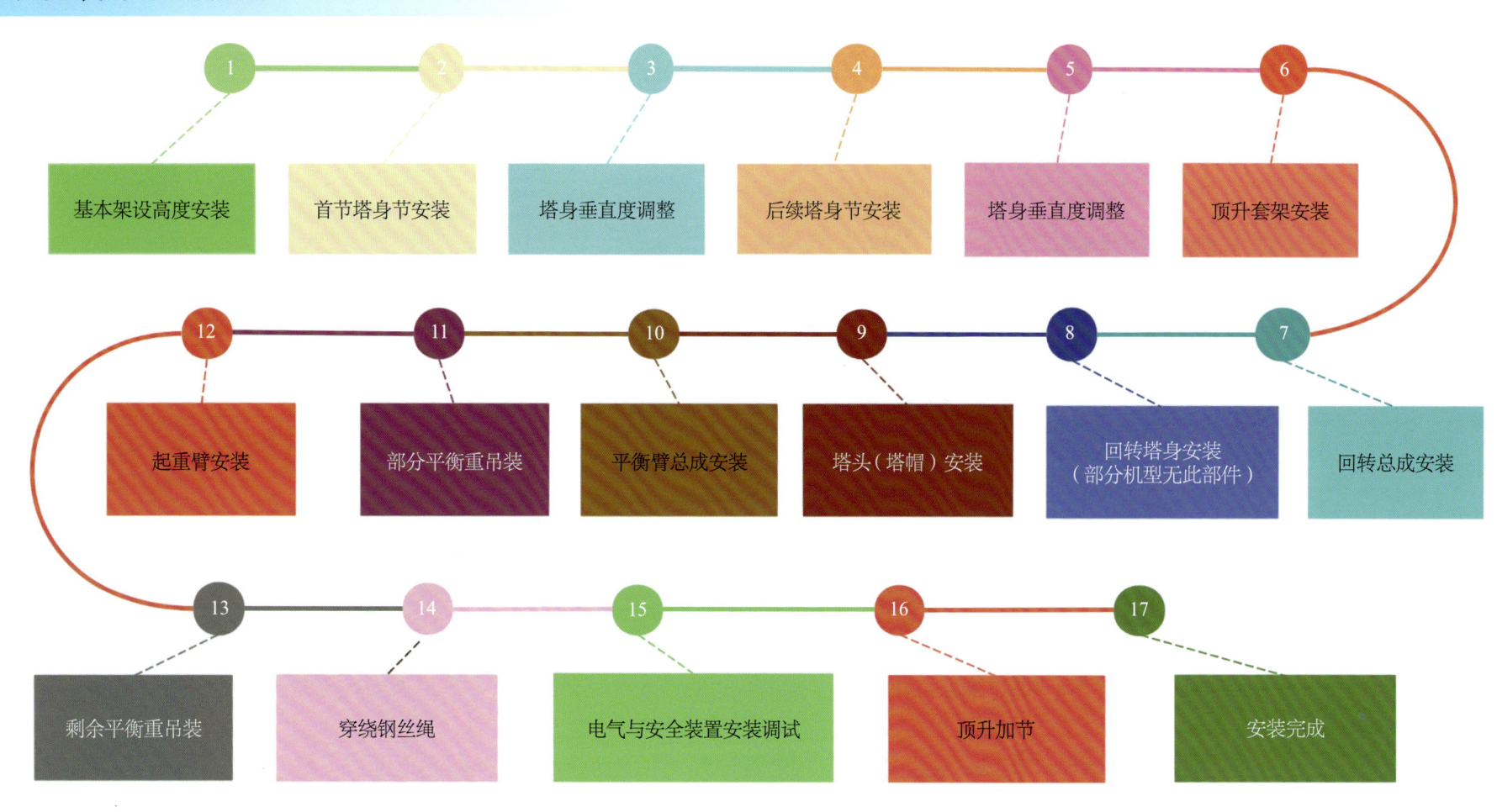

1. 基本架设高度安装
2. 首节塔身节安装
3. 塔身垂直度调整
4. 后续塔身节安装
5. 塔身垂直度调整
6. 顶升套架安装
7. 回转总成安装
8. 回转塔身安装（部分机型无此部件）
9. 塔头（塔帽）安装
10. 平衡臂总成安装
11. 部分平衡重吊装
12. 起重臂安装
13. 剩余平衡重吊装
14. 穿绕钢丝绳
15. 电气与安全装置安装调试
16. 顶升加节
17. 安装完成

## 三、安装作业模块

▶（一）基本架设高度安装作业模块

工程名称：　　　　　　　　　　　　　# 塔机　首次安装　　　　　设备备案号：　　　　　现场负责人：　　　　　班组长：

安拆工 1 号（班组长）：

安拆工 2 号：　　　　　　　安拆工 3 号：　　　　　　　安拆工 4 号：　　　　　　　安拆工 5 号：

| 序号 | 作业时间 | 作业阶段 | 作业内容 | 安拆现场负责人指令 | 安拆班组长指令及操作 | 安拆工作位置及操作 | 作业实施情况（班组长或现场负责人核实确认） |
|---|---|---|---|---|---|---|---|
| 1 | | 基本架设高度安装 | 安装基础节 | 开始安装基础节 | 4 位组员（安拆工）就位，作业面带班（安全员）就位，与项目部共同确认踏步朝向后，开始吊装基础节，安装后初步校核塔身垂直度 | 基础预埋支腿位置，辅助就位，销轴、立销及开口销安装，作业面带班（安全员）监督安装到位情况 | 确认安装到位班组长： |
| 2 | | 基本架设高度安装 | 安装套架 | 开始安装套架和 3 个标准节结合体 | 4 位组员（安拆工）就位，作业面带班（安全员）就位，开始吊装套架（含 3 个标准节），指导安装 | 基础节顶面内位置，辅助就位，销轴、立销及开口销安装，作业面带班（安全员）监督安装到位情况 | 确认安装到位班组长： |
| 3 | | 基本架设高度安装 | 安装回转总成 | 开始安装回转总成 | 4 位组员（安拆工）就位，作业面带班（安全员）就位，开始吊装回转总成，指导安装 | 套架顶作业平台内，辅助就位，销轴、立销及开口销安装，作业面带班（安全员）监督安装到位情况 | 确认安装到位班组长： |
| 4 | | 基本架设高度安装 | 安装平衡臂四方节总成 | 开始安装平衡臂四方节总成 | 4 位组员（安拆工）就位，作业面带班（安全员）就位，开始吊装平衡臂四方节总成，指导安装 | 回转总成内平台位置，辅助就位，销轴、立销及开口销安装，作业面带班（安全员）监督安装到位情况 | 确认安装到位班组长： |

## 塔式起重机安拆手册

续表

| 序号 | 作业时间 | 作业阶段 | 作业内容 | 安拆现场负责人指令 | 安拆班组长指令及操作 | 安拆工作位置及操作 | 作业实施情况（班组长或现场负责人核实确认） |
|---|---|---|---|---|---|---|---|
| 5 | | 基本架设高度安装 | 安装平衡臂 | 开始安装平衡臂 | 4位组员（安拆工）就位，作业面带班（安全员）就位，开始吊装平衡臂，指导安装 | 平衡臂四方节总成内平台位置，辅助就位，销轴、立销及开口销安装，作业面带班（安全员）监督安装到位情况 | 确认安装到位班组长： |
| 6 | | 基本架设高度安装 | 安装部分配重块 | 开始安装，按说明书要求安装部分配重块 | 4位组员（安拆工）就位，作业面带班（安全员）就位，开始吊装配重块，指导安装 | 平衡臂尾部平台，辅助就位并固定在指定位置，作业面带班（安全员）监督安装到位情况 | 确认安装到位班组长： |
| 7 | | 基本架设高度安装 | 安装起重臂 | 开始安装起重臂 | 4位组员（安拆工）就位，作业面带班（安全员）就位，开始吊装起重臂，指导安装 | 回转总成平台位置，辅助就位，上旋及下旋销轴、立销及开口销安装，作业面带班（安全员）监督安装到位情况 | 确认安装到位班组长： |
| 8 | | 基本架设高度安装 | 安装剩余配重 | 开始安装剩余配重块 | 4位组员（安拆工）就位，作业面带班（安全员）就位，开始吊装剩余配重块，指导安装 | 平衡臂尾部平台，辅助就位并固定在指定位置，作业面带班（安全员）监督安装到位情况 | 确认安装到位班组长： |

注：（1）安装作业阶段可分为基本架设高度的安装（含1节基础节、3节加强节或标准节、顶升套架、回转、塔头、臂架）、顶升加节和附着安装。
（2）每道工序完成，安拆班组长应核实确认，逐项销项；属重要节点的，应向带班安全员报告。

## ▶（二）顶升加节模块

工程名称：　　　　　　　　#塔机　附着加节　　　　设备备案号：　　　　　　现场负责人：　　　　　　安拆工1号（班组长）：
安拆工2号：　　　　　　安拆工3号：　　　　　　　安拆工4号：　　　　　　　安拆工5号：

| 序号 | 作业时间 | 作业阶段 | 作业内容 | 安拆现场负责人指令 | 安拆班组长指令及操作 | 安拆工作位置及操作 | 作业实施情况（班组长或现场负责人核实确认） |
|---|---|---|---|---|---|---|---|
| 1 | | 附着顶升加节 | 附着顶升加节 | 开始附着前准备工作 | 请全员开始执行顶升加节前准备，安拆工1号（班组长）对全组人员进行交底 | 全员检查安全带、安全帽是否符合要求。<br>安拆工5号：设置警戒区域，检查吊具、索具。<br>安拆工2号：检查附着杆件、标准节。<br>安拆工3号：检查紧固预埋件螺栓。<br>安拆工4号：检查附着框安装位置及安装质量。 | 确认准备工作就绪<br>班组长： |
| 2 | | 附着顶升加节 | 附着安装 | 开始安装附着 | 请全员执行附着安装工作，安拆工1号（班组长）指挥吊装附着杆件 | 安拆工1号、安拆工2号：主体架体预埋件位置，辅助杆件就位，安装销轴开口销。<br>安拆工3号、安拆工4号：塔身附着平台位置，辅助杆件就位，安装销轴开口销。<br>安拆工5号：地面位置，使用经纬仪观察塔身垂直度，并指挥司机移动小车或轻微转动起重臂至塔身附着以下，垂直度偏差值控制在2‰以内。<br>带班（安全员）：塔身附着平台位置，监督确认安装情况 | 确认附着安装到位<br>班组长： |
| 3 | | 附着顶升加节 | 附着安装 | 开始检查验收附着装置安装情况 | 请全员执行检查验收附着安装情况并汇报，安拆工1号（班组长）再次测量塔身垂直度 | 安拆工1号、安拆工2号：主体架体预埋件位置，检查杆件销轴是否安装到位，开口销是否按规范打开。<br>安拆工3号、安拆工4号：塔身附着平台位置，检查杆件销轴是否安装到位，开口销是否按规范打开。<br>带班（安全员）：塔身附着平台位置，监督确认验收情况 | 确认附着安装验收合格<br>班组长： |

续表

| 序号 | 作业时间 | 作业阶段 | 作业内容 | 安拆现场负责人指令 | 安拆班组长指令及操作 | 安拆工作位置及操作 | 作业实施情况（班组长或现场负责人核实确认） |
|---|---|---|---|---|---|---|---|
| 4 | | 附着顶升加节 | 顶升加节 | 开始顶升加节前准备工作 | 请全员开始执行顶升加节前准备，安拆工1号（班组长）检查顶升油缸，液压系统测试 | 安拆工1号：顶升套架下部平台位置，检查换步支撑装置，检查主电缆线及大灯电缆线预设空间长度是否满足。<br>安拆工2号：套架顶升上部平台位置，检查安全销，检查过渡节与顶升套架连接是否牢固可靠。<br>安拆工3号：套架顶升换步平台位置，检查扁担梁挂板及防脱装置。<br>安拆工4号：回转上部平台位置，检查确认回转制动装置是否灵敏有效 | 确认顶升前准备工作就绪<br>班组长： |
| 5 | | 附着顶升加节 | 顶升加节 | 开始顶升配平 | 请全员开始执行顶升配平任务，安拆工1号（班组长）指挥司机移动小车到使用说明书预定位置 | 安拆工2号、安拆工3号：观察套架滑轮并调整间隙至各组滑轮间隙基本相同，确认配平。<br>带班（安全员）：顶升作业平台位置，监督确认配平情况 | 确认配平完成<br>班组长： |
| 6 | | 附着顶升加节 | 顶升加节 | 开始拆除标准节与顶升节销轴 | 请全员开始执行拆除标准节与顶升节销轴任务 | 安拆工2号、安拆工4号：顶升套架上部平台位置，拆除标准节与顶升节销轴并妥善放置。<br>带班（安全员）：顶升作业平台位置，监督确认 | 标准节连接销轴拆卸完成<br>班组长： |
| 7 | | 附着顶升加节 | 顶升加节 | 开始顶升 | 请全员开始执行顶升任务，安拆工1号（班组长）操作液压泵站 | 安拆工1号：套架下平台位置，操作液压泵站试顶10cm后停留约30s带载保压，确认无异常后继续顶升。<br>安拆工3号：套架下平台位置，负责顶升完一个行程后将换步装置已设置在既定位置并确认牢固可靠。<br>安拆工1号：操作液压泵站收回油缸。<br>安拆工3号：套架顶升换步平台位置，负责油缸收回后将扁担梁已设置在既定位置并安装防脱销，确认固定牢固可靠。<br>重复以上操作直到满足标准节引进顶升空间，顶升完成。<br>带班（安全员）：安装工顶升作业平台位置，监督确认 | 确认顶升完成<br>班组长： |

续表

| 序号 | 作业时间 | 作业阶段 | 作业内容 | 安拆现场负责人指令 | 安拆班组长指令及操作 | 安拆工作位置及操作 | 作业实施情况（班组长或现场负责人核实确认） |
|---|---|---|---|---|---|---|---|
| 8 | | 附着顶升加节 | 顶升加节 | 开始引进标准节并实施安装 | 请全员开始执行标准节安装任务，安拆工1号（班组长）操作液压泵站 | 安拆工1号、安拆工3号：套架下部平台位置，将标准节推进到既定位置。<br>安拆工1号：操作液压泵站下降到既定位置。<br>安拆工2号：套架上部平台位置，拆除引进小车并推出到引进梁前端。<br>安拆工2号、安拆工3号、安拆工4号：实施标准节连接销轴、立销、开口销安装。<br>安拆工2号：实施顶升用安全销安装。<br>带班（安全员）：顶升作业平台位置，监督确认 | 确认顶升标准节安装完成<br>班组长： |
| 9 | | 附着顶升加节 | 顶升加节 | 开始继续顶升下一节 | 重复以上步骤直至满足顶升的高度要求 | 重复以上步骤直至满足顶升的高度要求后，安拆工2号、安拆工4号位于套架上部平台，实施标准节与顶升过渡节连接销轴、立销、开口销安装。<br>带班（安全员）：顶升作业平台位置，监督确认 | 确认每节顶升标准节安装完成，确认标准节与顶升过渡节连接销轴安装完成<br>班组长： |
| 10 | | 附着顶升加节 | 顶升加节 | 开始收尾及自检工作 | 开始执行安装收尾及自检工作 | 安拆工3号：用电缆夹固定电缆线。<br>安拆工2号、安拆工3号、安拆工4号再次检查新增加标准节各连接件是否齐全正常。<br>安拆工5号：测量塔身垂直度是否满足要求 | 确认安装自检合格<br>班组长： |
| 11 | | 附着顶升加节 | 顶升加节 | 确认本次安装任务完成 | 确认本次安装任务完成 | 确认本次安装任务完成 | 确认本次安装任务完成<br>班组长： |

## 塔式起重机安拆手册

### (三) 附着安装模块

工程名称： ＃塔机 附着安装 设备备案号： 现场负责人： 安拆工 1 号 ( 班组长 )：
安拆工 2 号： 安拆工 3 号： 安拆工 4 号： 安拆工 5 号：

| 序号 | 作业时间 | 作业阶段 | 作业内容 | 安拆现场负责人指令 | 安拆班组长指令及操作 | 安拆工作位置及操作 | 作业实施情况（班组长或现场负责人核实确认） |
|---|---|---|---|---|---|---|---|
| 1 | | 附着安装 | 附着安装 | 开始附着前准备工作 | 请全员开始执行附着安装前准备，安拆工 1 号（班组长）对全组人员进行交底 | 全员检查安全带、安全帽是否符合要求。<br>安拆工 5 号：设置警戒区域，检查吊具、索具。<br>安拆工 2 号：检查附着框、附着杆件。<br>安拆工 3 号：检查附着框紧固预埋件螺栓。<br>安拆工 4 号：检查附着框安装位置及安装质量 | 确认准备工作就绪<br>班组长： |
| 2 | | 附着安装 | 附着安装 | 开始安装附着 | 请全员执行附着安装工作，安拆工 1 号（班组长）指挥吊装附着杆件 | 安拆工 1 号、安拆工 2 号：主体附着预埋件位置，吊装附着杆 1、附着杆 2、附着杆 3 就位，安装销轴开口销。<br>安拆工 3 号、安拆工 4 号：塔身附着平台位置，吊装附着杆 1、附着杆 2、附着杆 3 就位，安装销轴开口销。<br>安拆工 5 号：地面位置，使用经纬仪观察塔身垂直度，并指挥司机移动小车或轻微转动起重臂至塔身附着以下，垂直度偏差值控制在 2‰ 以内。<br>带班（安全员）：塔身附着平台位置，监督确认安装情况 | 确认附着安装到位<br>班组长： |
| 3 | | 附着安装 | 附着安装 | 开始检查验收附着装置安装情况 | 请全员执行检查验收附着安装情况并汇报，安拆工 1 号（班组长）再次测量塔身垂直度 | 安拆工 1 号、安拆工 2 号：主体附着预埋件位置，检查杆件销轴是否安装到位，开口销是否按规范打开。<br>安拆工 3 号、安拆工 4 号：塔身附着平台位置，检查杆件销轴是否安装到位，开口销是否按规范打开。<br>带班（安全员）：塔身附着平台位置，监督确认验收情况 | 确认附着安装验收合格<br>班组长： |
| 4 | | 附着安装 | 附着安装 | 确认本次安装任务完成 | 确认本次安装任务完成 | 确认本次安装任务完成 | 确认本次安装任务完成<br>班组长： |

## 四、操作面带班核查表

### （一）基本高度安装核查表

工程名称：　　　　　　　　　　塔式起重机　首次安装　　　　　　　　备案号：　　　　　　　　　　现场负责人：
安拆工1号（班组长）：　　　　安拆工2号：　　　　安拆工3号：　　　　安拆工4号：　　　　安拆工5号：

| 序号 | 作业时间 | 作业阶段 | 作业内容 | 安拆现场负责人指令 | 安拆班组长指令及操作 | 安拆工作位置及操作 | 作业实施情况（班组长或现场负责人核实确认） | 带班安全员核实情况（文字及照片） |
|---|---|---|---|---|---|---|---|---|
| 1 | | 基本高度安装 | 安装前准备 | 请确认安装前准备工作 | 全员汇报安装前准备情况，安拆工1号（班组长）对全组人员进行交底 | 安拆工4号、安拆工5号报告：安全警戒区域已设置完成。<br>安拆工1号报告：检查汽车吊站位符合要求，全员自身安全防护用品符合要求。<br>安拆工2号报告：吊具索具符合要求。<br>安拆工3号报告：安装工具齐全，对讲机使用正常。<br>全员交叉检查自身安全防护用品 | 安拆工1号（班组长）确认：安装前准备工作完毕 | 确认安装前准备工作完成<br>照片编号：<br>带班安全员： |
| 2 | | 基本高度安装 | 安装基础节 | 请核实确认基础节安装情况 | 请全员开始汇报确认基础节安装情况 | 安拆工2号报告：本侧基础节连接销轴全部安装到位。<br>安拆工3号报告：本侧基础节连接销轴全部安装到位。<br>安拆工4号报告：本侧基础节连接销轴全部安装到位。<br>安拆工1号报告：基础节安装完成，请带班（安全员）确认 | 安拆工1号（班组长）确认：基础节安装完毕 | 确认安装到位<br>照片编号：<br>带班安全员： |
| 3 | | 基本高度安装 | 安装套架 | 开始确认套架和3个标准节结合体安装情况 | 请全员开始汇报确认套架和3个标准节结合体安装情况 | 安拆工2号报告：本侧连接销轴全部安装到位。<br>安拆工3号报告：本侧连接销轴全部安装到位。<br>安拆工4号报告：本侧连接销轴全部安装到位。<br>安拆工1号报告：套架及标准节组合体安装完成，请带班（安全员）确认 | 安拆工1号（班组长）确认：套架和3个标准节结合体安装完毕 | 确认安装到位<br>照片编号：<br>带班安全员： |
| 4 | | 基本高度安装 | 安装回转总成 | 开始确认回转总成安装情况 | 请全员开始汇报确认回转总成安装情况 | 安拆工2号报告：本侧连接销轴全部安装到位。<br>安拆工3号报告：本侧连接销轴全部安装到位。<br>安拆工4号报告：本侧连接销轴全部安装到位。<br>安拆工1号报告：回转总成安装完成，请带班（安全员）确认 | 安拆工1号（班组长）确认：回转总成安装完毕 | 确认安装到位<br>照片编号：<br>带班安全员： |

续表

| 序号 | 作业时间 | 作业阶段 | 作业内容 | 安拆现场负责人指令 | 安拆班组长指令及操作 | 安拆工作位置及操作 | 作业实施情况（班组长或现场负责人核实确认） | 带班安全员核实情况（文字及照片） |
|---|---|---|---|---|---|---|---|---|
| 5 | | 基本高度安装 | 安装T字节架 | 开始确认T字节架安装情况 | 请全员开始汇报确认T字节架安装情况 | 安拆工2号报告：本侧连接销轴全部安装到位。<br>安拆工3号报告：本侧连接销轴全部安装到位。<br>安拆工4号报告：本侧连接销轴全部安装到位。<br>安拆工1号报告：平衡臂四方节总成安装完成，请带班（安全员）确认 | 安拆工1号（班组长）确认：T字节架安装完毕 | 确认安装到位<br>照片编号：<br>带班安全员： |
| 6 | | 基本高度安装 | 安装平衡臂 | 开始确认平衡臂安装情况 | 请全员开始汇报确认平衡臂安装情况 | 安拆工2号报告：本侧后臂四方节连接销轴全部安装到位。<br>安拆工3号报告：本侧后臂四方节连接销轴全部安装到位。<br>安拆工4号报告：本侧后臂拉杆与四方节连接销轴全部安装到位。<br>安拆工1号报告：平衡臂安装完成，请带班（安全员）确认 | 安拆工1号（班组长）确认：平衡臂安装完毕 | 确认安装到位<br>照片编号：<br>带班安全员： |
| 7 | | 基本高度安装 | 安装部分配重块 | 开始确认配重块安装情况 | 请安拆工2号、安拆工3号开始汇报确认第一块配置块安装情况 | 安拆工2号报告：本侧配重销轴固定到预定位置，安装到位。<br>安拆工3号报告：本侧配重销轴固定到预定位置，安装到位。<br>安拆工1号报告：第一块配重安装完成，请带班（安全员）确认 | 安拆工1号（班组长）确认：部分配重块安装完毕 | 确认安装到位<br>照片编号：<br>带班安全员： |
| 8 | | 基本高度安装 | 安装起重臂 | 开始确认起重臂安装情况 | 请全员开始汇报起重臂安装情况 | 安拆工2号报告：本侧起重臂安装到位<br>安拆工3号报告：本侧起重臂安装到位<br>安拆工1号报告：起重臂安装完成，请带班（安全员）确认 | 安拆工1号（班组长）确认：起重臂安装完毕 | 确认安装到位<br>照片编号：<br>带班安全员： |
| 9 | | 基本高度安装 | 安装剩余配重 | 开始确认剩余配重安装情况 | 请全员开始汇报确认剩余配重块安装情况 | 安拆工2号报告：本侧配重销轴固定到预定位置，安装到位。<br>安拆工3号报告：本侧配重销轴固定到预定位置，安装到位。<br>安拆工4号报告：全部配重已使用钢丝绳串联完成。<br>安拆1号报告：配重全部安装完成，请带班（安全员）确认 | 安拆工1号（班组长）确认：剩余配重安装完毕 | 确认安装到位<br>照片编号：<br>带班安全员： |

注：（1）每道重要节点工序完成，安拆班组长应核实确认，向带班安全员报告，带班安全员再次核实并拍照记录情况，重点是作业部位是否达到规定状态。
　　（2）表格栏内不便显示照片时，可填写照片编号，并在表格后集中依编号附上照片。

## (二)顶升加节重要节点核查表

工程名称：　　　　　　　　＃塔机　顶升加节　　　　　设备备案号：　　　　　　　现场负责人：　　　　　　　安拆工1号（班组长）：

安拆工2号：　　　　　　　安拆工3号：　　　　　　　　　　安拆工4号：　　　　　　　　安拆工5号：

| 序号 | 作业时间 | 作业阶段 | 作业内容 | 安拆现场负责人指令 | 安拆班组长指令及操作 | 安拆工作位置及操作 | 作业实施情况（班组长或现场负责人核实确认） | 带班安全员核实情况（文字及照片） |
|---|---|---|---|---|---|---|---|---|
| 1 | | 附着顶升加节 | 附着顶升加节 | 请开始附着前准备工作 | 请全员汇报顶升加节前准备情况，安拆工1号（班组长）对全组人员进行交底 | 安全员报告：全员安全装备齐全，穿戴规范。<br>安拆工5号报告：吊具、索具检查合格。<br>安拆工2号报告：附着杆件、标准节检查合格。<br>安拆工3号报告：预埋件、预埋螺栓检查合格。<br>安拆工4号报告：附着框安装合格 | 安拆工1号（班组长）确认：准备工作核实完成，可开始安装附着 | 确认准备工作完成<br>照片编号：<br>带班安全员： |
| 2 | | 附着顶升加节 | 附着安装 | 请开始安装附着 | 请全员执行附着安装工作，安拆工1号（班组长）指挥吊装附着杆件，测量垂直度 | 安拆工3号报告：各附着杆件已安装到位。<br>安拆工2号报告：各附着杆件已安装到位 | 安拆工1号（班组长）确认：附着杆安装完成 | 确认附着杆安装完成<br>照片编号：<br>带班安全员： |
| 3 | | 附着顶升加节 | 附着顶升加节 | 请开始验收附着安装质量 | 请全员执行附着安装验收工作：各连接件紧固情况、塔身垂直度复核 | 安拆工3号报告：各附着杆件安装合格。<br>安拆工2号报告：各附着杆件安装合格。<br>安拆工5号报告：塔身垂直度符合要求 | 安拆工1号（班组长）确认：垂直度符合要求，杆件安装合格 | 确认附着杆安装验收合格<br>照片编号：<br>带班安全员： |
| 4 | | 首次安装顶升加节 | 顶升加节 | 请汇报确认顶升加节前的准备工作 | 全员汇报顶升加节前的准备工作情况 | 安拆工1号报告：全员自身安全防护用品符合要求。<br>安拆工5号报告：警戒区域设置完成，吊具、锁具符合要求。<br>安拆工2号报告：安全销安全完整，套架连接牢固可靠。<br>安拆工3号报告：主电缆线及大灯电缆线预设空间长度满足要求，扁担梁挂板及防脱装置完整可靠。<br>安拆工4号报告：回转制动装置灵敏有效，请带班（安全员）确认 | 安拆工1号（班组长）确认：顶升加节前准备工作完毕 | 确认顶升前准备工作完成<br>照片编号：<br>带班安全员： |
| 5 | | 首次安装顶升加节 | 顶升加节 | 请汇报确认顶升配平情况 | 全员汇报顶升配平情况 | 安拆工2号、安拆工3号报告：套架滑轮间隙基本相同。<br>安拆工1号报告：顶升配平完毕，请带班（安全员）确认 | 安拆工1号（班组长）确认：顶升配平完毕 | 确认顶升配平完成<br>照片编号：<br>带班安全员： |

续表

| 序号 | 作业时间 | 作业阶段 | 作业内容 | 安拆现场负责人指令 | 安拆班组长指令及操作 | 安拆工作位置及操作 | 作业实施情况（班组长或现场负责人核实确认） | 带班安全员核实情况（文字及照片） |
|---|---|---|---|---|---|---|---|---|
| 6 | | 首次安装顶升加节 | 顶升加节 | 汇报确认销轴拆除情况 | 全员汇报销轴拆除情况 | 安拆工2号报告：本侧连接销轴全部拆除并放置好。<br>安拆工3号报告：本侧连接销轴全部拆除并放置好。<br>安拆工4号报告：本侧连接销轴全部拆除并放置好。<br>安拆工1号报告：销轴已拆除完毕，请带班（安全员）确认 | 安拆工1号（班组长）确认：销轴拆除完毕 | 确认安装到位<br>照片编号：<br>带班安全员： |
| 7 | | 首次安装顶升加节 | 顶升加节 | 汇报顶升完成情况 | 全员汇报顶升完成情况 | 安拆工1号报告：换步装置已设置在既定位置并确认牢固可靠。<br>安拆工3号报告：扁担梁及防脱销确认固定牢固可靠。<br>安拆工1号报告：顶升全部行程已完毕，请带班（安全员）确认 | 安拆工1号（班组长）确认：本节顶升行程完毕 | 确认安装到位<br>照片编号：<br>带班安全员： |
| 8 | | 首次安装顶升加节 | 顶升加节 | 汇报标准节安装情况 | 全员汇报标准节安装情况 | 安拆工2号报告：本侧连接销轴全部安装到位。<br>安拆工3号报告：本侧连接销轴全部安装到位。<br>安拆工4号报告：本侧连接销轴全部安装到位。<br>安拆工1号报告：顶升标准节已安装完毕，请带班（安全员）确认 | 安拆工1号（班组长）确认：本节标准节已安装完毕 | 确认安装到位<br>照片编号：<br>带班安全员： |
| 9 | | 首次安装顶升加节 | 顶升加节 | 重复以上步骤直至满足顶升的高度要求 | 重复以上步骤直至满足顶升的高度要求 | 重复以上步骤直至满足顶升的高度要求后，<br>安拆工2号报告：本侧封顶连接销轴全部安装到位。<br>安拆工3号报告：本侧封顶连接销轴全部安装到位。<br>安拆工4号报告：本侧封顶连接销轴全部安装到位。<br>安拆工1号报告：顶升标准节已全部安装完毕，请带班（安全员）确认 | 安拆工1号（班组长）确认：顶升标准节已全部安装完毕 | 确认安装到位<br>照片编号：<br>带班安全员： |
| 10 | | 首次安装顶升加节 | 顶升加节 | 汇报自检完成情况 | 全员汇报自检情况 | 安拆工2号报告：新增加标准节各连接件全部齐全正常。<br>安拆工3号报告：电缆线使用电缆夹已全部固定牢靠。<br>安拆工5号报告：垂直度测量满足要求。<br>安拆1号报告：自检合格，请带班（安全员）确认 | 安拆工1号（班组长）确认：已完成附着安装，垂直度、顶升加节自检合格 | 确认自检合格<br>照片编号：<br>带班安全员： |

## （三）附着安装重要节点核查表

工程名称：　　　　　　　　　　＃塔机　附着安装　　　　　设备备案号：　　　　　现场负责人：　　　　　　安拆工1号（班组长）：
安拆工2号：　　　　　　　　　安拆工3号：　　　　　　　　　　安拆工4号：　　　　　　　　　　　安拆工5号：

| 序号 | 作业时间 | 作业阶段 | 作业内容 | 安拆现场负责人指令 | 安拆班组长指令及操作 | 安拆工作位置及操作 | 作业实施情况（班组长或现场负责人核实确认） | 带班安全员核实情况（文字及照片） |
|---|---|---|---|---|---|---|---|---|
| 1 | | 附着安装 | 附着安装 | 请开始附着安装前准备工作 | 请全员汇报顶升加节前准备情况，安拆工1号（班组长）对全组人员进行交底 | 安全员报告：全员安全装备齐全，穿戴规范。<br>安拆工5号报告：吊具、索具检查合格。<br>安拆工2号报告：附着杆件检查合格。<br>安拆工3号报告：预埋件、预埋螺栓检查合格。<br>安拆工4号报告：附着框安装合格 | 安拆工1号（班组长）确认：准备工作核实完成，可开始安装附着 | 确认准备工作完成<br>照片编号：<br>带班安全员： |
| 2 | | 附着安装 | 附着安装 | 请开始安装附着 | 请全员执行附着安装工作，安拆工1号（班组长）指挥吊装附着杆件，测量垂直度 | 安拆工3号报告：各附着杆件已安装到位。<br>安拆工2号报告：各附着杆件已安装到位 | 安拆工1号（班组长）确认：附着杆安装完成 | 确认附着杆安装完成<br>照片编号：<br>带班安全员： |
| 3 | | 附着安装 | 附着安装 | 请开始验收附着安装质量 | 请全员执行附着安装验收工作：各连接件紧固情况、塔身垂直度复核 | 安拆工3号报告：各附着杆件安装合格。<br>安拆工2号报告：各附着杆件安装合格。<br>安拆工5号报告：塔身垂直度符合要求 | 安拆工1号（班组长）确认：垂直度符合要求，杆件安装合格。 | 确认附着杆安装验收合格<br>照片编号：<br>带班安全员： |
| 4 | | 附着安装 | 附着安装 | 汇报自检完成情况 | 全员汇报自检情况 | 安拆工2号报告：附着连接件全部齐全正常。<br>安拆工3号报告：附着连接件全部齐全正常。<br>安拆工5号报告：垂直度测量满足要求。<br>安拆工1号报告：自检合格，请带班（安全员）确认 | 安拆工1号（班组长）确认：已完成附着安装，垂直度、顶升加节自检合格 | 确认自检合格<br>照片编号：<br>带班安全员： |

# 第七章 平臂内顶式塔式起重机安装

## 塔式起重机安拆手册

```
                    平臂式内顶式塔式起重机安装
         ┌──────────────┬──────────────┬──────────────┐
     安装前准备      基本假设高度安装      顶升加节         附着安装
         │              │               │
      基础核查         塔身安装        顶升加节原理
      其他准备         大臂安装        顶升加节步骤
                      钢丝绳安装
                      电气与安全装置
                      安装与调试
```

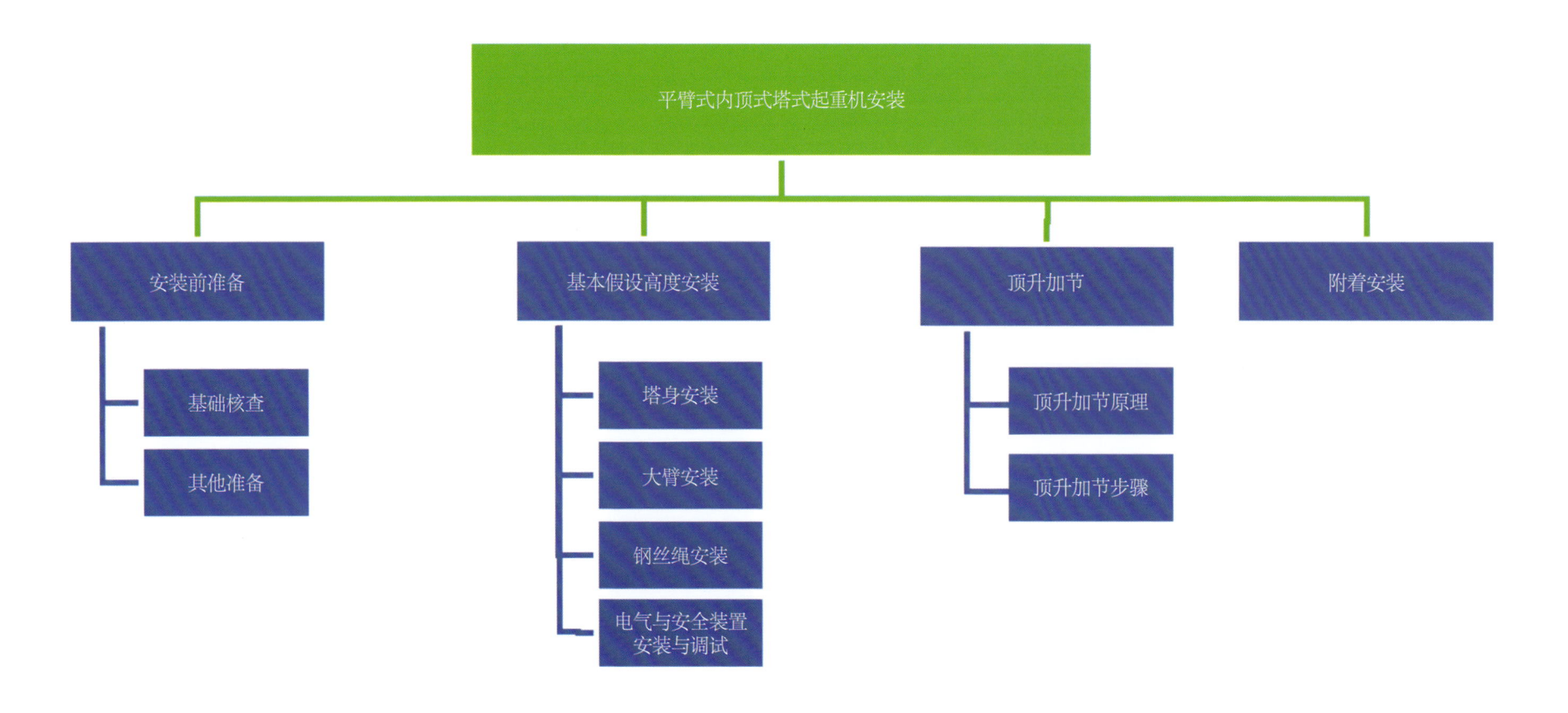

# 第七章 平臂内顶式塔式起重机安装

## 一、安装前准备

▶（一）基础核查

参照第四章平臂外套架式塔式起重机（平头、锤头）安装。

▶（二）其他准备

参照第四章平臂外套架式塔式起重机（平头、锤头）安装。

## 二、基本架设高度安装

▶（一）塔身安装

- 第一步 塔身节安装
- 第二步 顶升套架安装
- 第三步 回转总成安装
- 第四步 工作平台安装

◎ 基础节实例 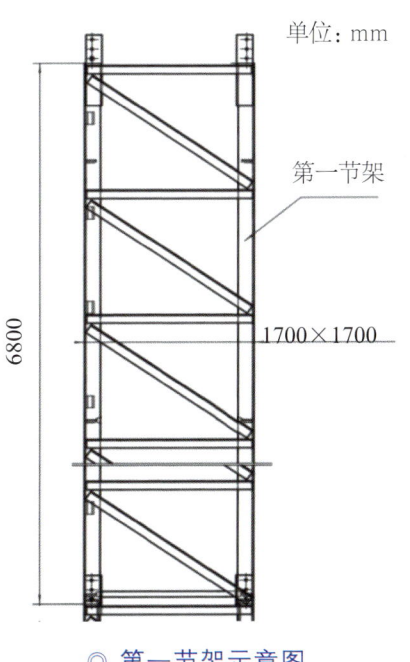　　◎ 第一节架示意图

### 第一步 塔身节安装（基础节、第一节架、标准节）

**说明：**

（1）基础表面平整，在预埋螺栓上安装好4块承重板（支腿式不需要），保证水平，误差不超过1‰。未达要求的允许承重板下垫钢板以达到要求（严禁用砂浆垫平）。起吊基础节至承重板上方，对好方向使基础节连接底板与预埋螺栓正确就位并缓慢下落，安装连接件（注意此时暂不安装基础节内的斜撑杆和爬梯，待顶升加节后安装）。

（2）按照说明书安装顺序，依次吊装第一节架及标准节，调整方向踏步均在同一侧，直至高度可以达到自顶升。

（3）调整塔身垂直度。测量塔身的纵向、横向垂直度。

**注意：**

（1）采用不同厂家、不同规格型号混装或有损伤的标准节因受力不均匀或承载力不足容易引发安全事故。

（2）基础节吊点避免设置在横杆中间处，应靠近其主肢节点。

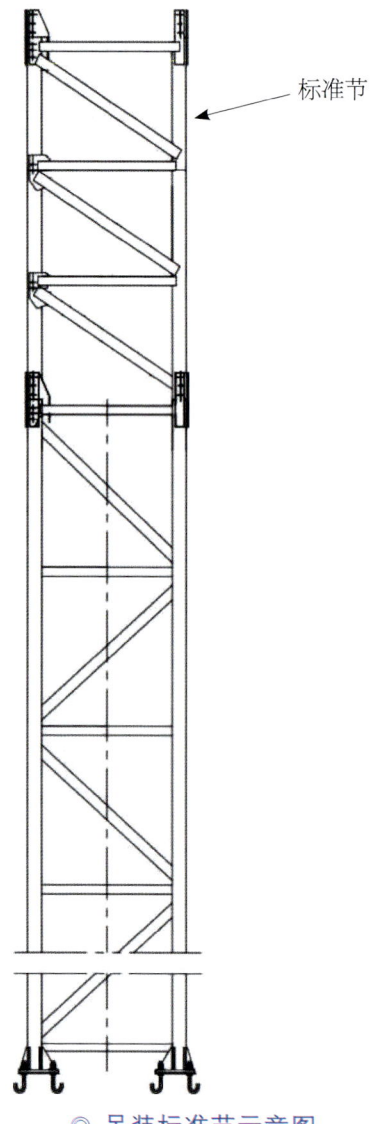

◎ 吊装标准节示意图　　◎ 吊装标准节实例

标准节

**说明：**

（1）先在地面上拼装好一个标准节（注意此时暂不安装标准节节内的斜撑杆和爬梯，待顶升加节后安装）。

（2）吊起标准节（注意踏步与第一节架踏步同侧）慢慢放下，至标准节落在第一节架上，安装连接件。

## 第二步　顶升套架安装

单位：mm

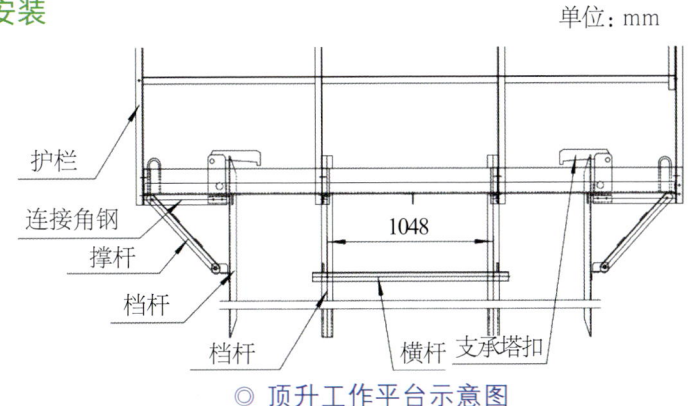

◎ 顶升工作平台示意图

◎ 顶升下横梁示意图

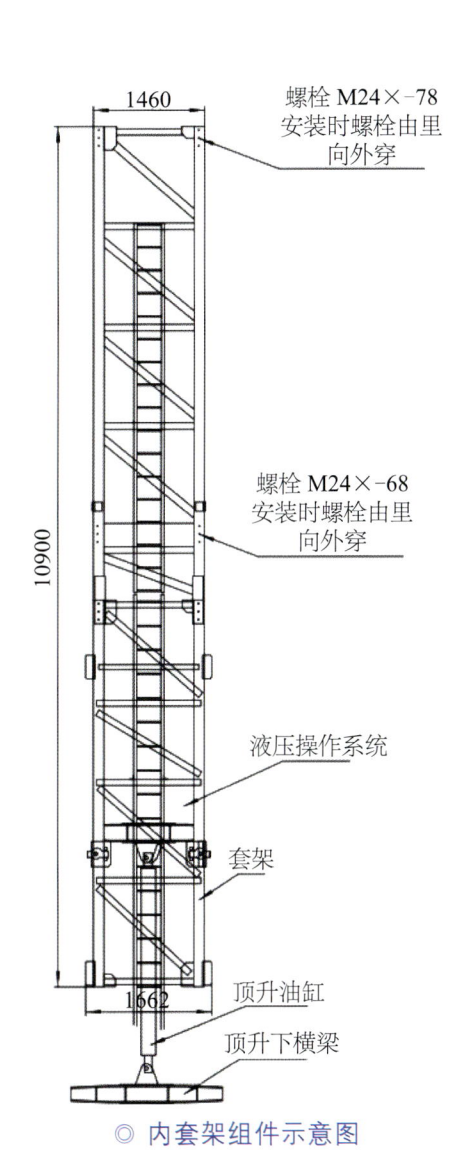

◎ 内套架组件示意图

◎ 顶升套架实例

> **说明：**
> （1）先在地面上安装好内套架组件（内套架组件包括套架、顶升下横梁、顶升下横梁支腿、顶升油缸、顶升上横梁、顶升上横梁支腿、内套架中爬梯和油箱（液压泵站）。
> （2）吊起内套架，收起顶升上、下横梁支腿（注意顶升下横梁与踏步同侧）慢慢放下，下降直至顶升下横梁支腿放在标准节的上踏步上。
> （3）起吊工作平台（自升平台）挂在第一节架（标准节）顶部，将4个活动挂钩挂在塔身横腹杆上，注意活动栏杆方向应为顶升操作时的臂架方向。

## 第三步　回转总成

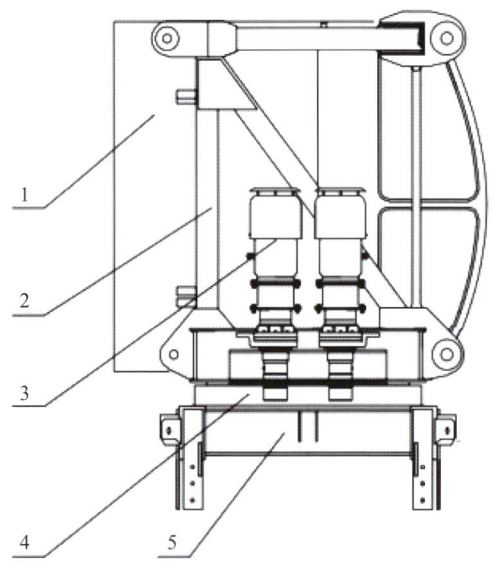

◎ 环形轨道实例

**说明：**

（1）在地面上安装好回转总成（含司机室、环形轨道）。

（2）吊装时，回转下支座四角的连接套与内套架上端连接套对准后缓慢下落，待回转总成落在塔内套架时，用连接件将之连接牢固。

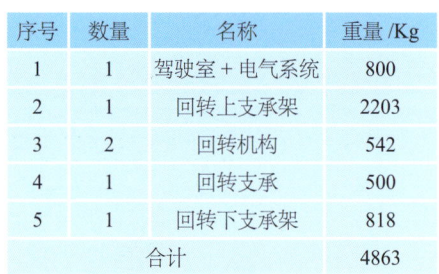

◎ 回转总成示意图

| 序号 | 数量 | 名称 | 重量/Kg |
|---|---|---|---|
| 1 | 1 | 驾驶室+电气系统 | 800 |
| 2 | 1 | 回转上支承架 | 2203 |
| 3 | 2 | 回转机构 | 542 |
| 4 | 1 | 回转支承 | 500 |
| 5 | 1 | 回转下支承架 | 818 |
|  |  | 合计 | 4863 |

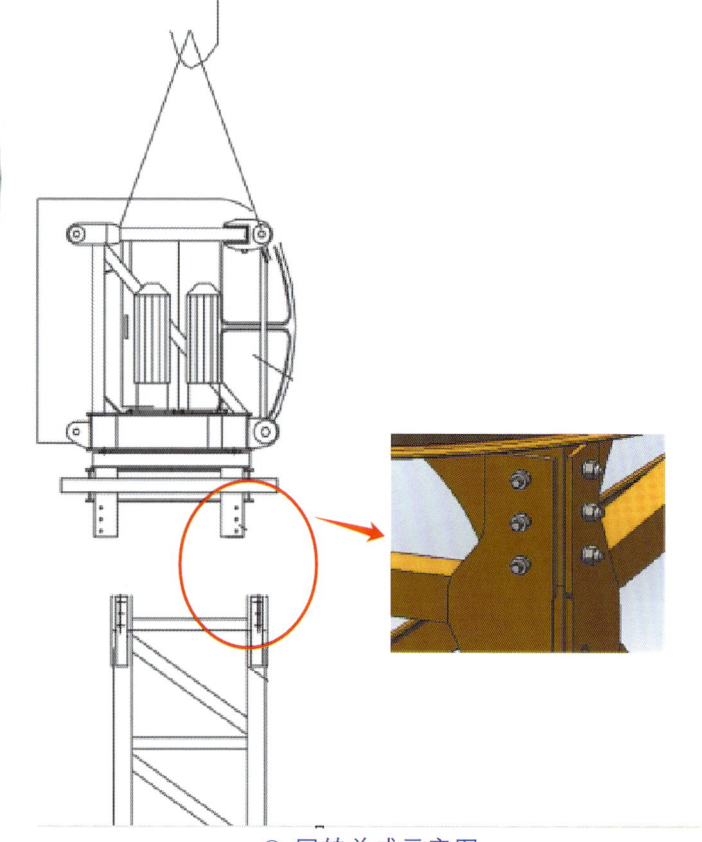

108

第七章　平臂内顶式塔式起重机安装

## 第四步　工作平台安装

◎ 吊臂实例

**说明：**
将回转总成上的自升平台吊臂与自升平台用卸扣连接。

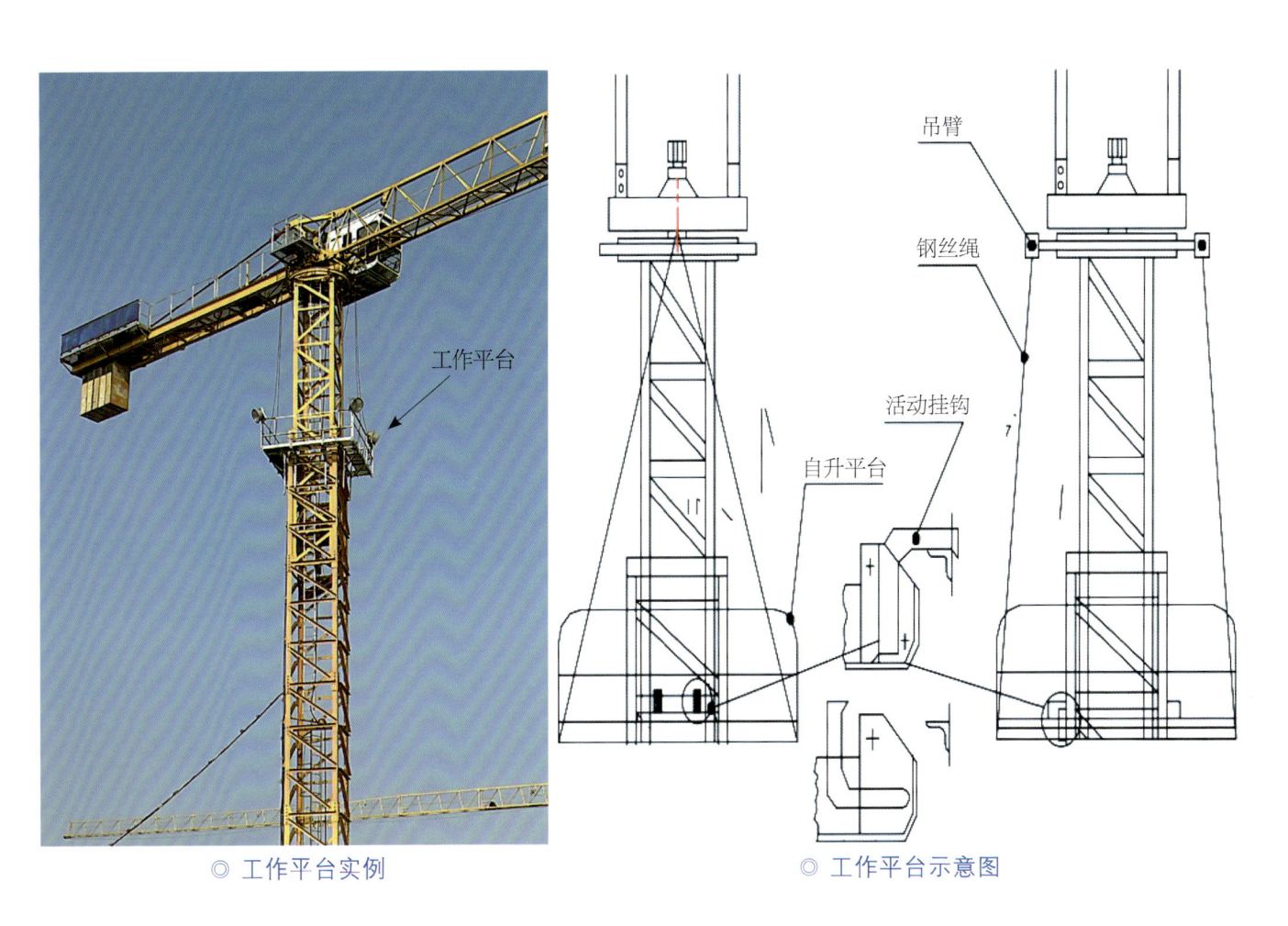

◎ 工作平台实例

◎ 工作平台示意图

▶(二)大臂安装

　　参照第四章平臂外套架式塔式起重机(平头、锤头)安装相关内容。

▶(三)钢丝绳安装

　　参照第四章平臂外套架式塔式起重机(平头、锤头)安装相关内容。

▶(四)电气与安全装置安装与调试

　　参照第四章平臂外套架式塔式起重机(平头、锤头)安装相关内容。

## 三、顶升加节

### (一) 顶升加节原理

**说明：**

顶升加节原理：

(1) 顶升前，顶升下横梁支腿稳定放置在塔身的踏板上。

(2) 启动液压系统，缓慢调大压力顶升，拆除内外塔连接件。

(3) 打开自升平台上的支撑塔扣。

(4) 继续顶升，上横梁支腿完全越过一对踏板。

(5) 停止顶升，回缩油缸，上横梁支腿落在一对踏板上。

(6) 回缩油缸活塞，提起顶升下横梁，下横梁重新顶在上一个踏板上。

(7) 重复上述步骤，直至内套架中部的定位板越过塔身上部，塔身上方有能装入一个标准节的空间。

**特别注意：** 在操作过程中必须注意，绝不允许内套架上的导向块脱离塔身主角钢，否则会造成严重的倒塔事故！

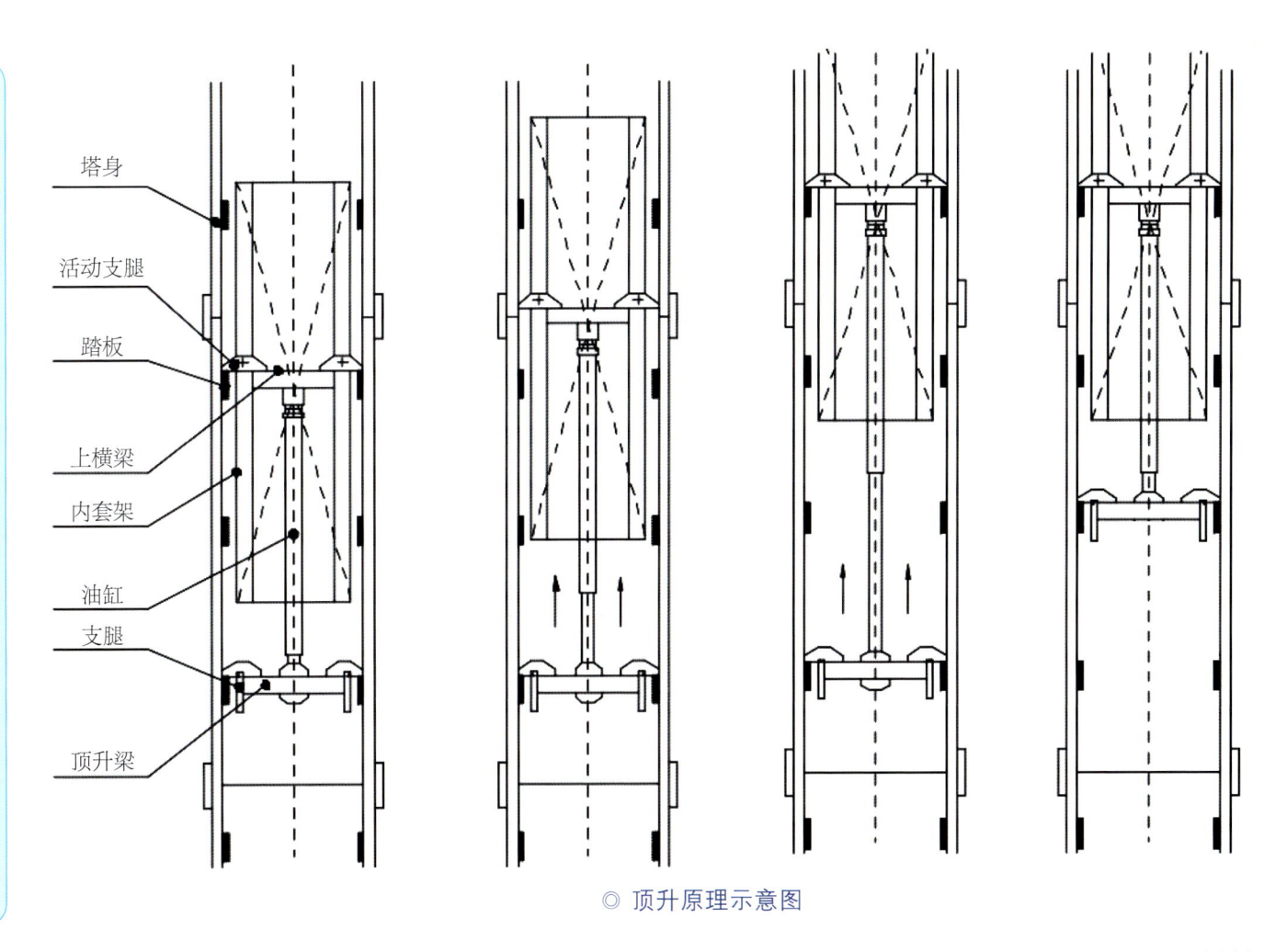

◎ 顶升原理示意图

## （二）顶升加节步骤

- 第一步　顶升前准备
- 第二步　条件核查
- 第三步　初次力矩配平
- 第四步　回转制动
- 第五步　拆除内外塔连接件
- 第六步　引入标准节
- 第七步　连接新增标准节
- 第八步　二次力矩配平
- 第九步　开动油缸

### 第一步　顶升前准备

◎ 顶升前准备示意图

**说明：**

（1）现场塔顶风速≤12m/s，作业人员劳保用品佩戴齐全。

（2）按液压泵站要求给油箱加油并试运转正常。

（3）将顶升的标准片、平台爬梯、连接件，在顶升位置时起重臂正下方排成一排。

（4）放松电缆长度略大于总的顶升高度，并紧固好电缆。

## 第二步 条件核查

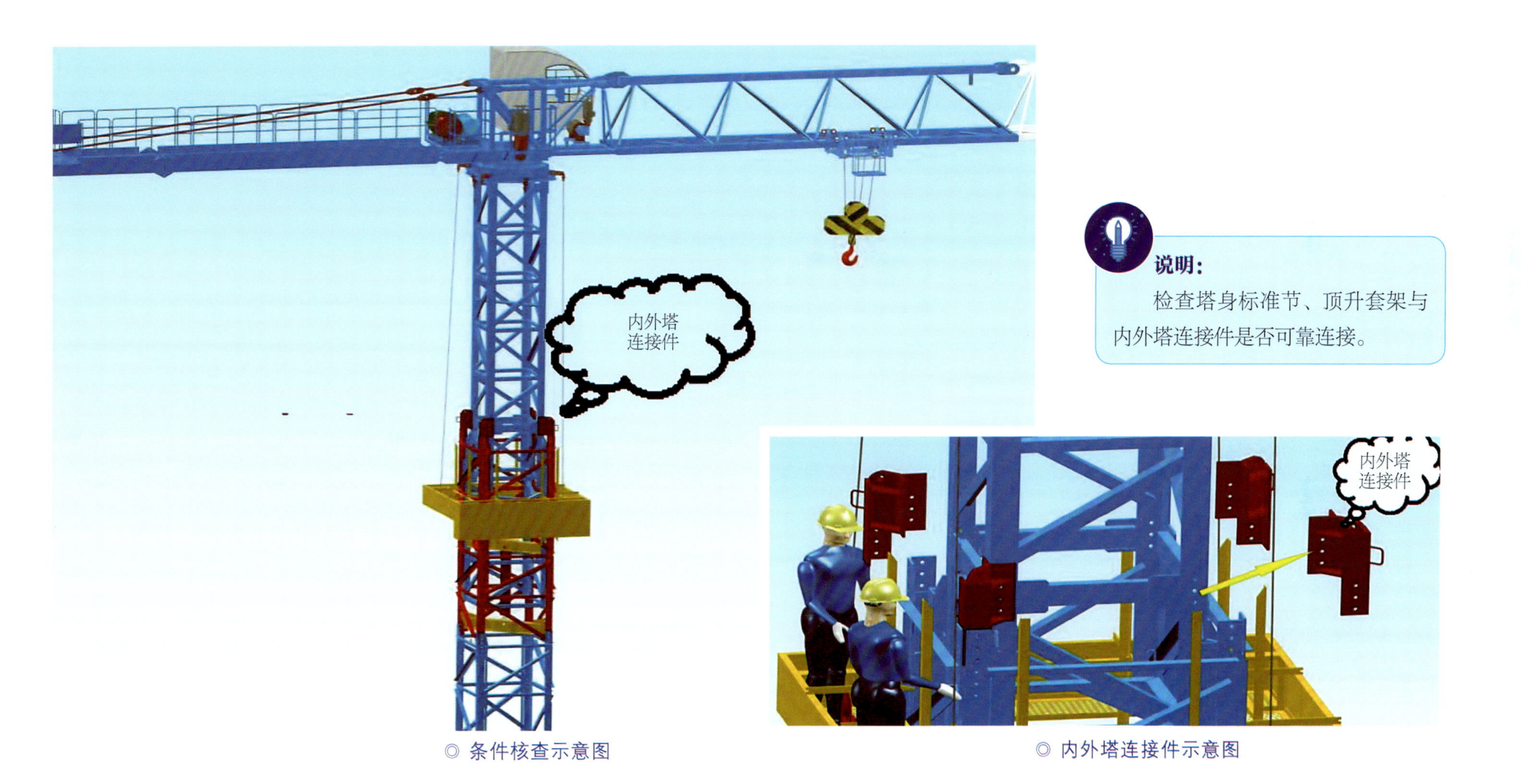

**说明：**
检查塔身标准节、顶升套架与内外塔连接件是否可靠连接。

◎ 条件核查示意图

◎ 内外塔连接件示意图

### 第三步　初次力矩配平

初次配平下塔吊中心支点在下横梁上

◎ 初次力矩配平示意图

> **说明：**
> 　　将变幅小车运行到配平参考位置，并吊起配平重物，根据重物缓慢运行变幅小车使塔机前后力矩调整至平衡。
> 　　注：检查内套架与塔身主弦杆是否在一条垂直线上，并观察内套架上的前后导向块与塔身主弦杆的间隙是否基本相同，以检查塔机是否平衡。若不平衡，则调整变幅小车的配平位置，直至平衡。

### 第四步 回转制动

> **说明：**
> （1）使用回转机构上的回转制动器，使塔机上部机构处于制动状态，防止被风吹动，顶升时绝对不允许有回转、变幅、起升运动。
> （2）司机未得到带班人员指令时禁止操作塔机。

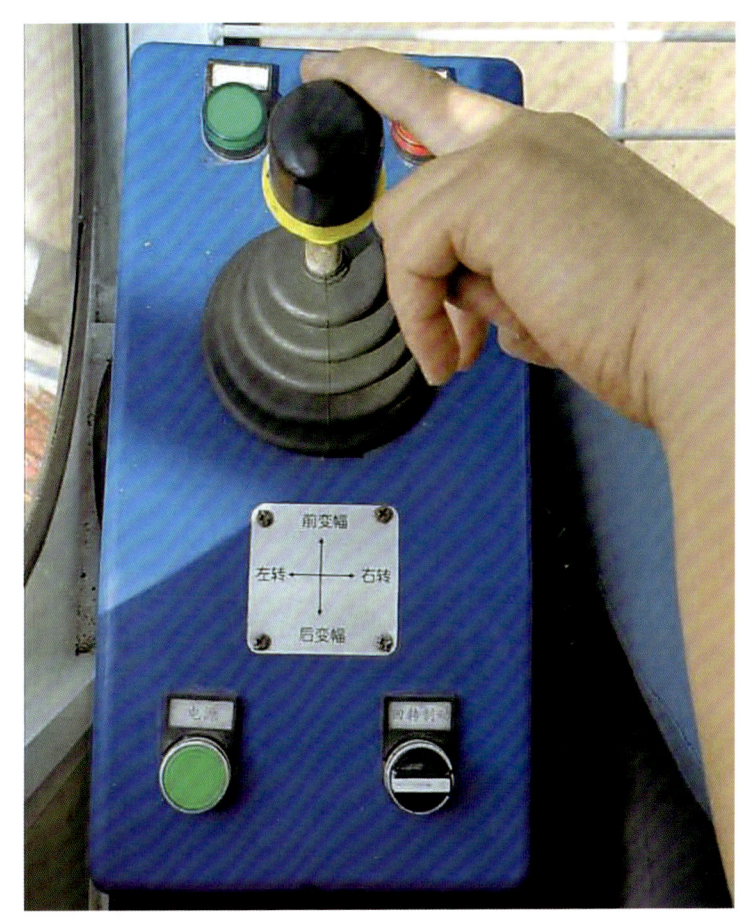

◎ 回转制动器实例

## 第五步　拆卸内外塔连接件

**说明：**
卸下塔身与内套架的内外塔连接件，并由带班人员确认。

◎ 拆卸内外塔连接件示意图

# 第六步　引入标准节

**说明：**

（1）开动起升机构，将配平重物放至地面，用顶升专用吊钩将标准节架的一片桁架吊起，用回转下支承架环形轨道下方的小吊钩钩住，放松起升钢丝绳，并将桁架转到平衡臂一侧。

（2）将U形标准节架（3片拼组成）吊起，收回变幅小车。

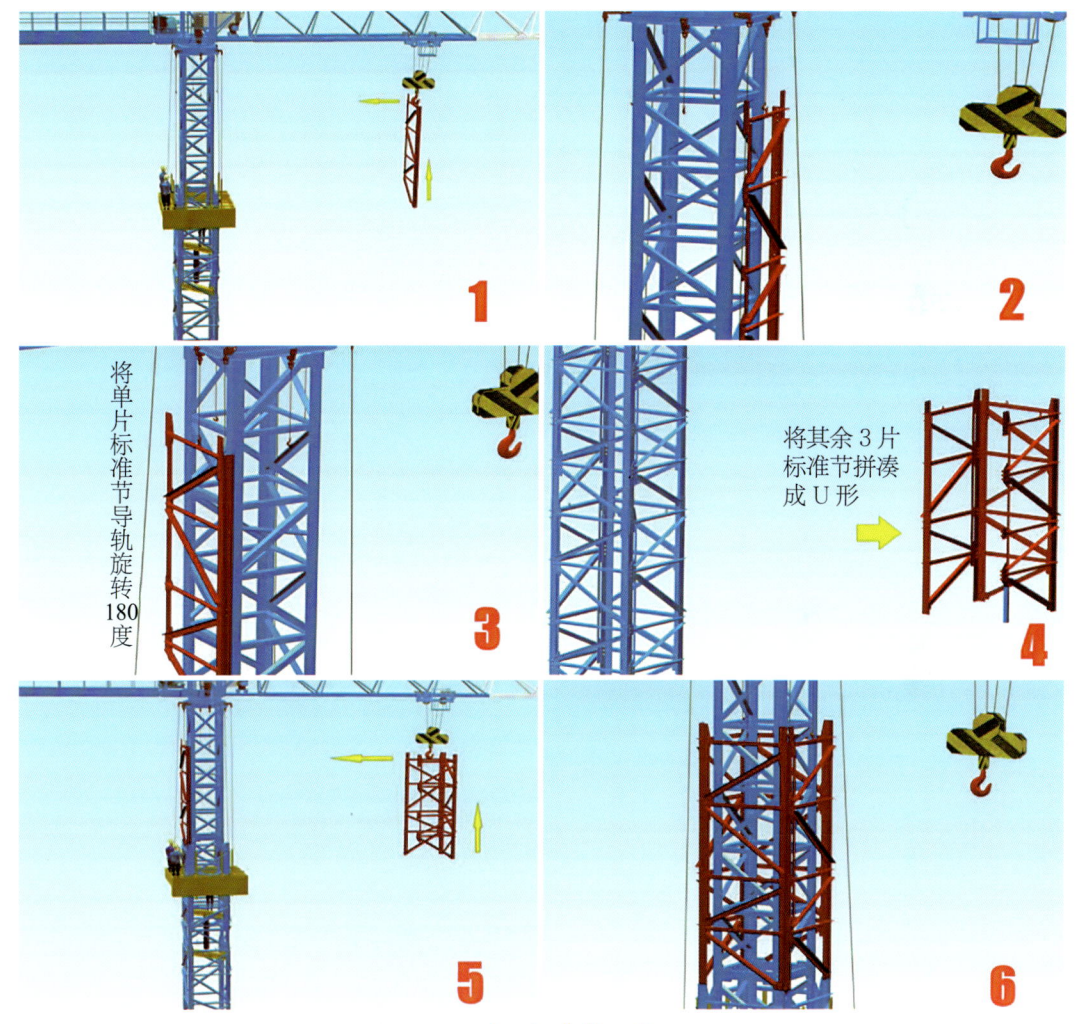

◎ 引入标准节示意图

**塔式起重机安拆手册**

### 第七步　连接新增标准节

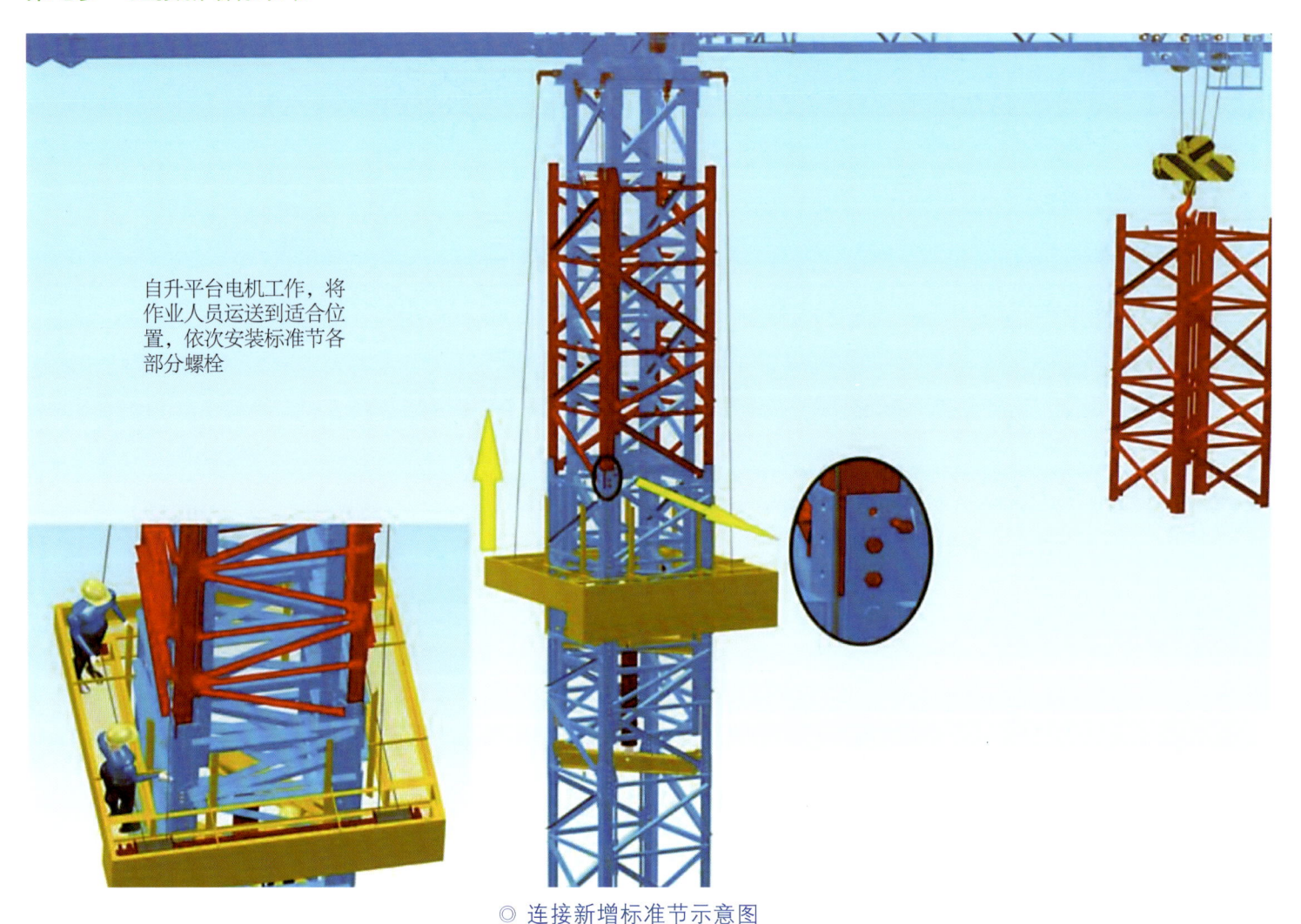

自升平台电机工作，将作业人员运送到适合位置，依次安装标准节各部分螺栓

◎ 连接新增标准节示意图

**说明：**

用环形轨道下的吊钩钩住，放松顶升专用吊钩，变幅小车仍开回初配平处，吊起配平重物，将U形标准节架罩在内套Ⅰ节架外围，与预先就位的那一片节架相连，回转制动，开动液压系统，油缸下降，使标准节架插入第一节架或标准节架连接板内，安装连接件。

第七章 平臂内顶式塔式起重机安装

### 第八步 二次力矩配平

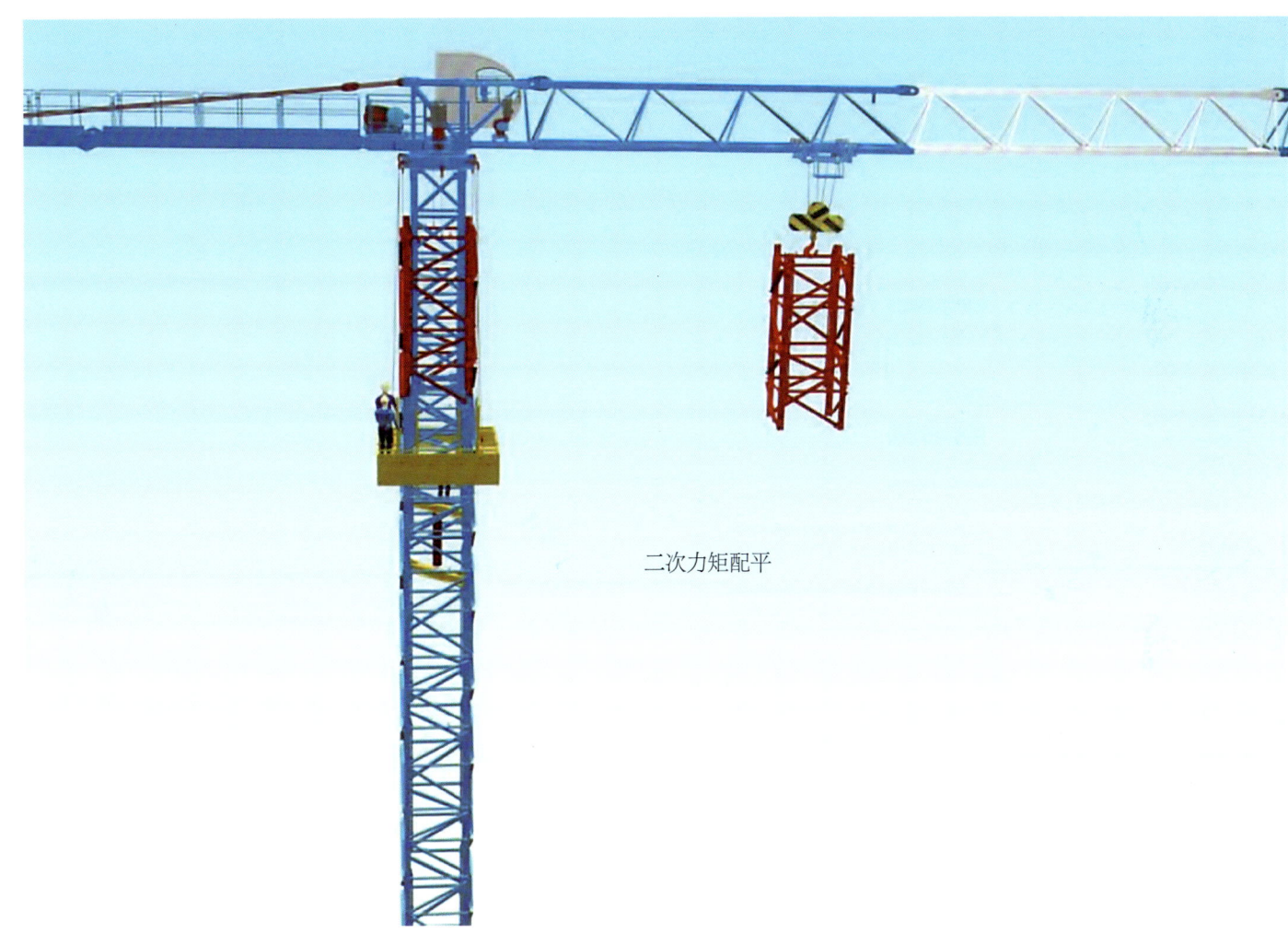

**说明：**
微开动牵引小车使其前后移动，使内套架与塔身标准节内壁间隙调整至均匀。

二次力矩配平

◎ 二次力矩配平示意图

### 第九步　开动油缸

**说明：**

（1）开动油缸前，班组长确认顶升下横梁支腿稳定压在塔身的踏步上，内套架与第一节架或标准节架连接可靠。

（2）开动油缸，缓慢调大压力，使油缸伸长至油缸上横梁的支腿完全越过踏步后，停止顶升；回缩油缸，使上横梁支腿缓缓地落在踏步上。

（3）确认上横梁支腿全部压在踏步上，将油缸活塞全部缩回，提起顶升下横梁，使顶升下横梁压在上一步踏步上。

（4）开动液压系统，伸长活塞杆，顶升横梁销轴插入标准节踏步半圆孔内。继续伸出活塞杆，再稍缩活塞杆，将爬爪搁在上节标准节踏步上。

（5）重复上述步骤，直至工作平台处于最后一道连接件位置。

（6）将内外塔连接件与标准节及内套架用连接件连接牢固。

**注意：**

（1）顶升期间回转、变幅、起升等动作会破坏塔机平衡，极易引发失衡。

（2）起重力矩未配平，顶升期间容易造成失衡。

## 四、附着安装

参照第四章平臂外套架式塔式起重机（平头、锤头）安装相关内容。

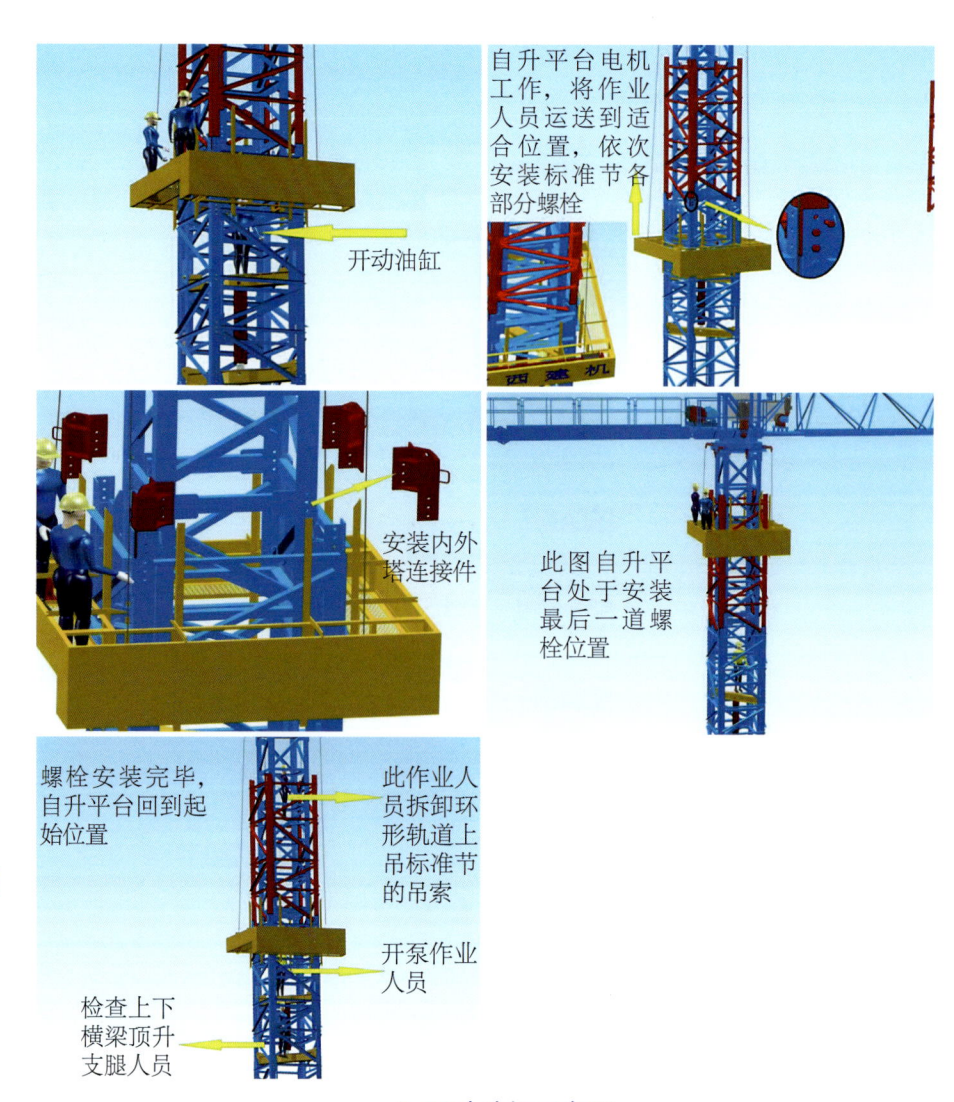

◎ 开动油缸示意图

# 第八章 平臂内顶式塔式起重机拆卸

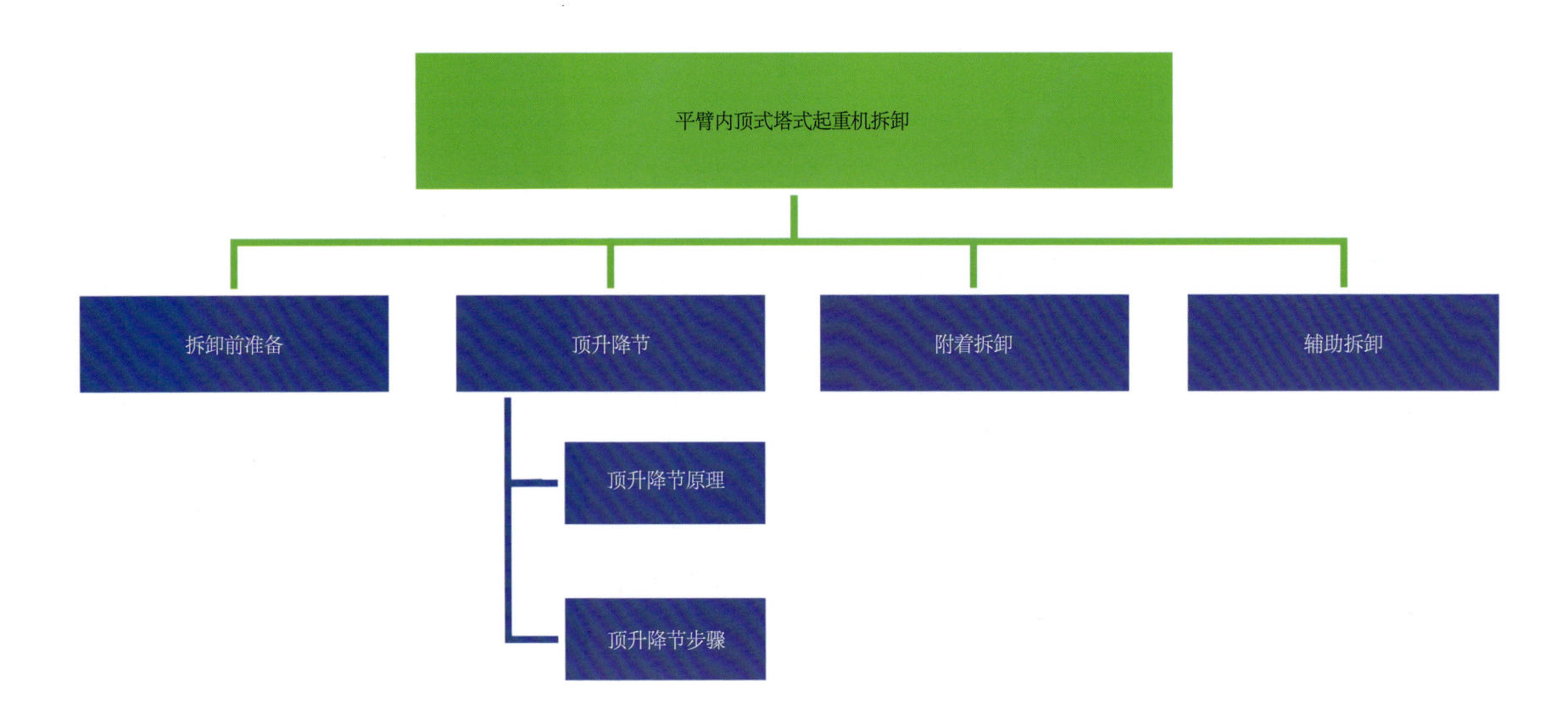

# 塔式起重机安拆手册

```
平臂内顶式塔式起重机拆卸
├── 拆卸前准备
├── 顶升降节
│   ├── 顶升降节原理
│   └── 顶升降节步骤
├── 附着拆卸
└── 辅助拆卸
```

## 一、拆卸前准备

参照第五章平臂外套架式塔式起重机(平头、锤头)拆卸的相关内容。

## 二、顶升降节

### (一) 顶升降节原理

**说明:**

顶升降节原理:

(1) 顶升降节前,启动液压系统,缓慢调大压力顶升下横梁支腿稳定放置在塔身的踏板上。

(2) 拆除内外塔连接件。

(3) 打开自升平台上的支撑塔扣。

(4) 上横梁支腿抬起

(5) 回缩油缸,上横梁支腿稳定落在一对踏板上。

(6) 缓慢回缩油缸。

(7) 下横梁支腿抬起。

(8) 顶升油缸,下横梁支腿重新顶在上一个踏板上。

(9) 重复上述步骤,直至内套架中部的定位板越过塔身下部,塔身上方有能拆除一个标准节的空间。

**特别注意:**

在操作过程中,绝不允许内套架上的导向块脱离塔身主角钢,否则会造成严重的倒塔事故。

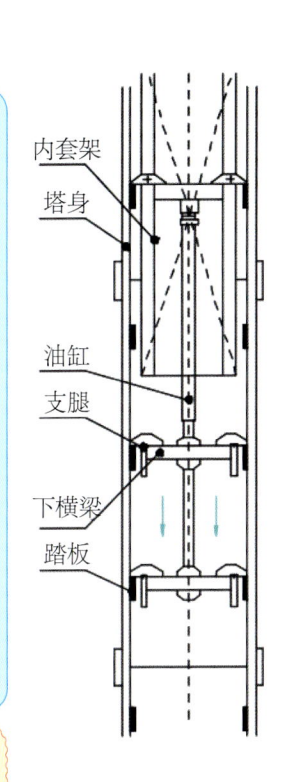

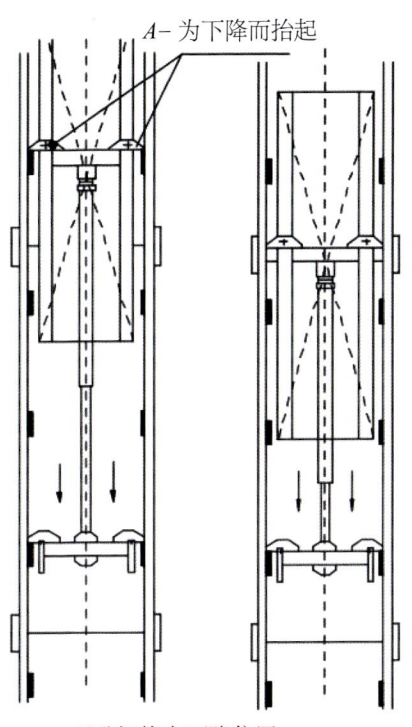

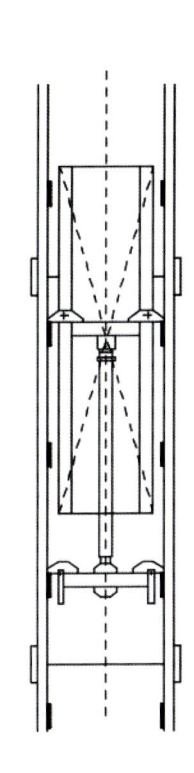

顶升机构在下降位置
◎ 顶升降节示意图

## (二) 顶升降节步骤

> 第一步　条件核查
> 第二步　初次配平
> 第三步　回转制动
> 第四步　拆卸内外塔连接件
> 第五步　二次力矩配平
> 第六步　开动油缸
> 第七步　下降
> 第八步　拆除标准节连接螺栓
> 第九步　吊走标准节

平臂内顶式塔机顶升降节第一至第三步参照第五章平臂外套架式塔式起重机（平头、锤头）拆卸的相关内容。

### 第四步　拆除内外塔连接件

> **说明：**
> 安装工拆除内外塔连接件上的所有螺栓，并把内外塔连接件卸下置于平台上。

◎ 拆除内外塔连接件示意图

◎ 内外塔连接件实例

第八章　平臂内顶式塔式起重机拆卸

### 第五步　二次力矩配平

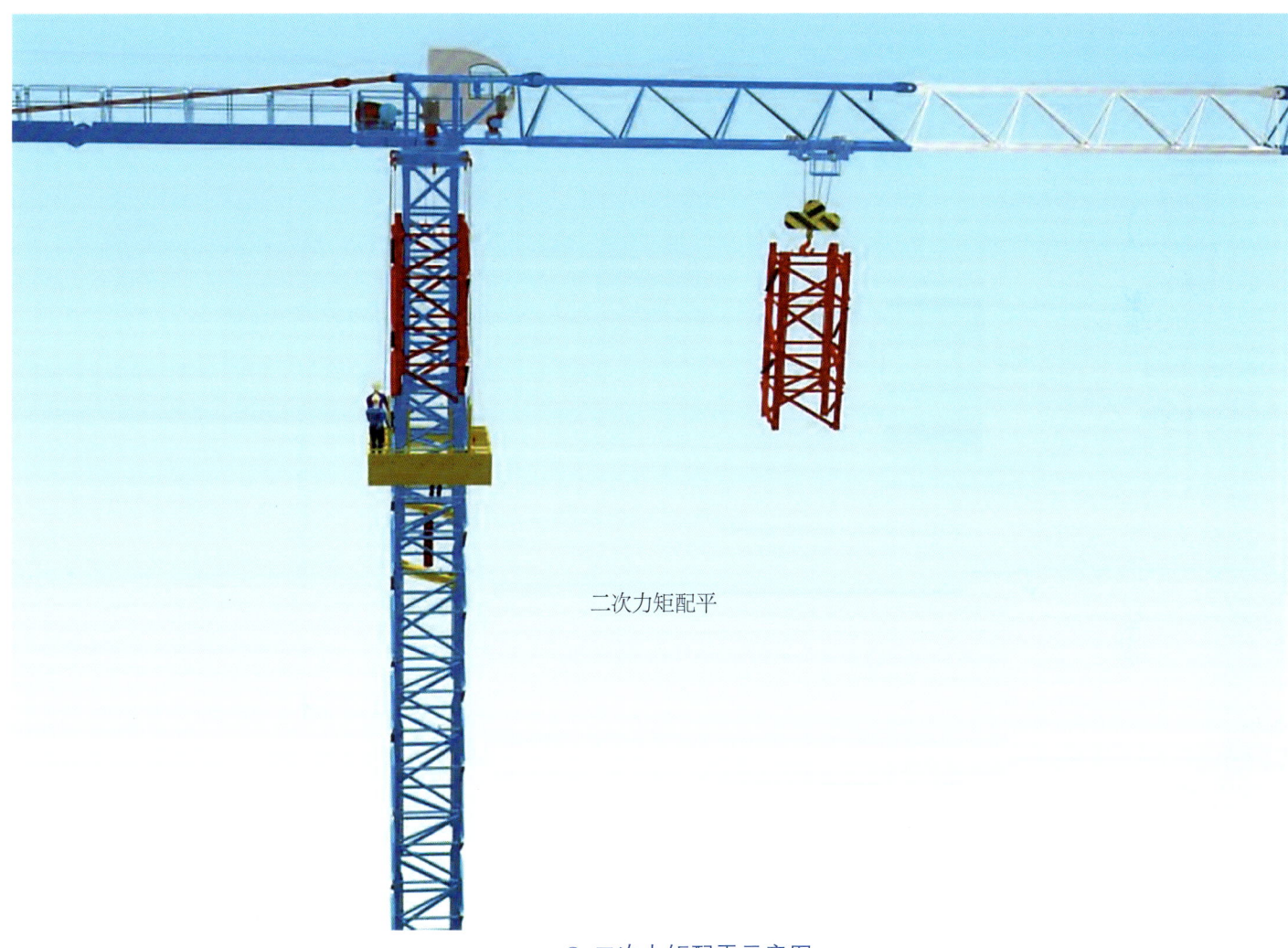

**说明：**
微开动牵引小车使其前后移动，使内套架与塔身标准节内壁间隙调整至均匀。

二次力矩配平

◎ 二次力矩配平示意图

> 塔式起重机安拆手册

### 第六步　开动油缸

**说明：**

（1）开动油缸前，班组长确认顶升下横梁支腿稳定压在塔身的踏步上，内套架与第一节架或标准节架连接可靠。

（2）开动油缸，缓慢调大压力，使油缸伸长至油缸上横梁的支腿完全越过踏步后，停止顶升；回缩油缸，使上横梁支腿缓缓地落在踏步上。

（3）确认上横梁支腿全部压在踏步上，将油缸活塞全部缩回，提起顶升下横梁，使顶升下横梁压在上一步踏步上。

开动液压系统，伸长活塞杆，顶升横梁销轴插入标准节踏步半圆孔内。继续伸出活塞杆，再稍缩活塞杆，将爬爪搁在上节标准节踏步上。

（4）重复上述步骤，直至工作平台处于最后一道连接件位置。

（5）将内外塔连接件与标准节及内套架用连接件连接牢固。

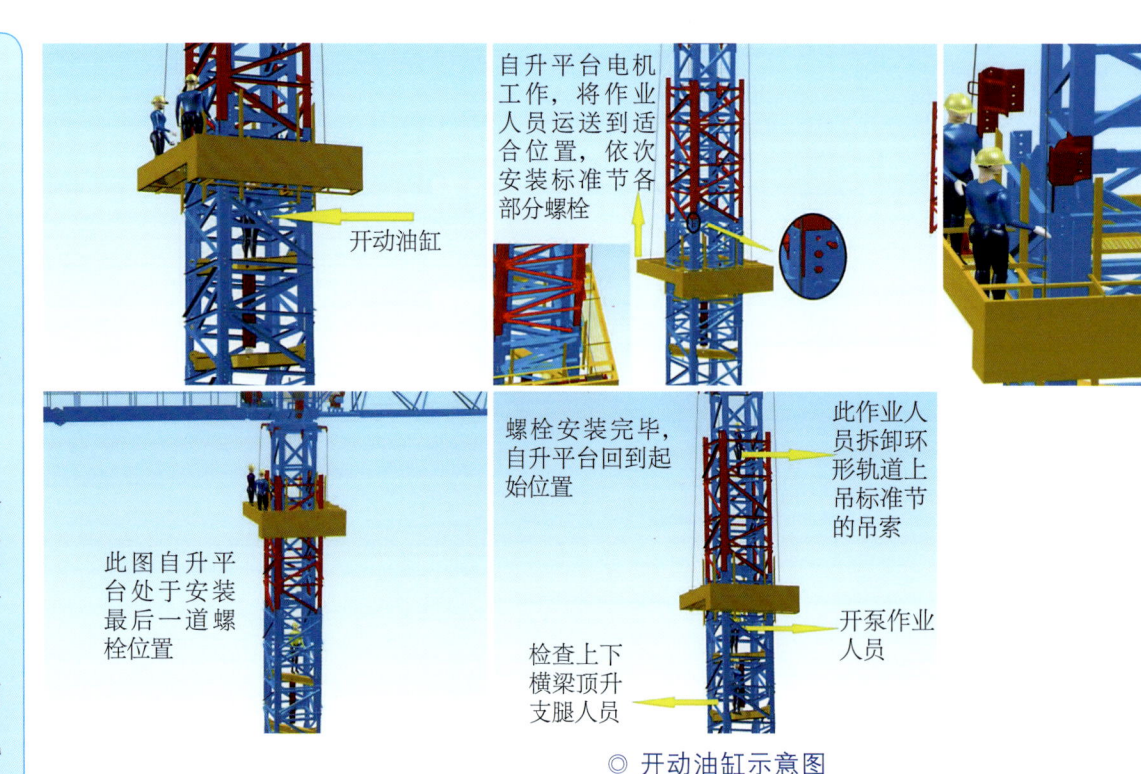

◎ 开动油缸示意图

**注意：**

（1）顶升期间回转、变幅、起升等动作会破坏塔机平衡，极易引发失衡。
（2）起重力矩未配平，顶升期间容易造成失衡。

## 第七步 下降

💡 **说明：**

确认顶升梁全部准确地压在支踏板上，并承受住内套架及其以上部分的重量，且无局部变形、异响等异常情况后，将油缸活塞慢慢全部缩回，使活动支腿在上一个踏板上。

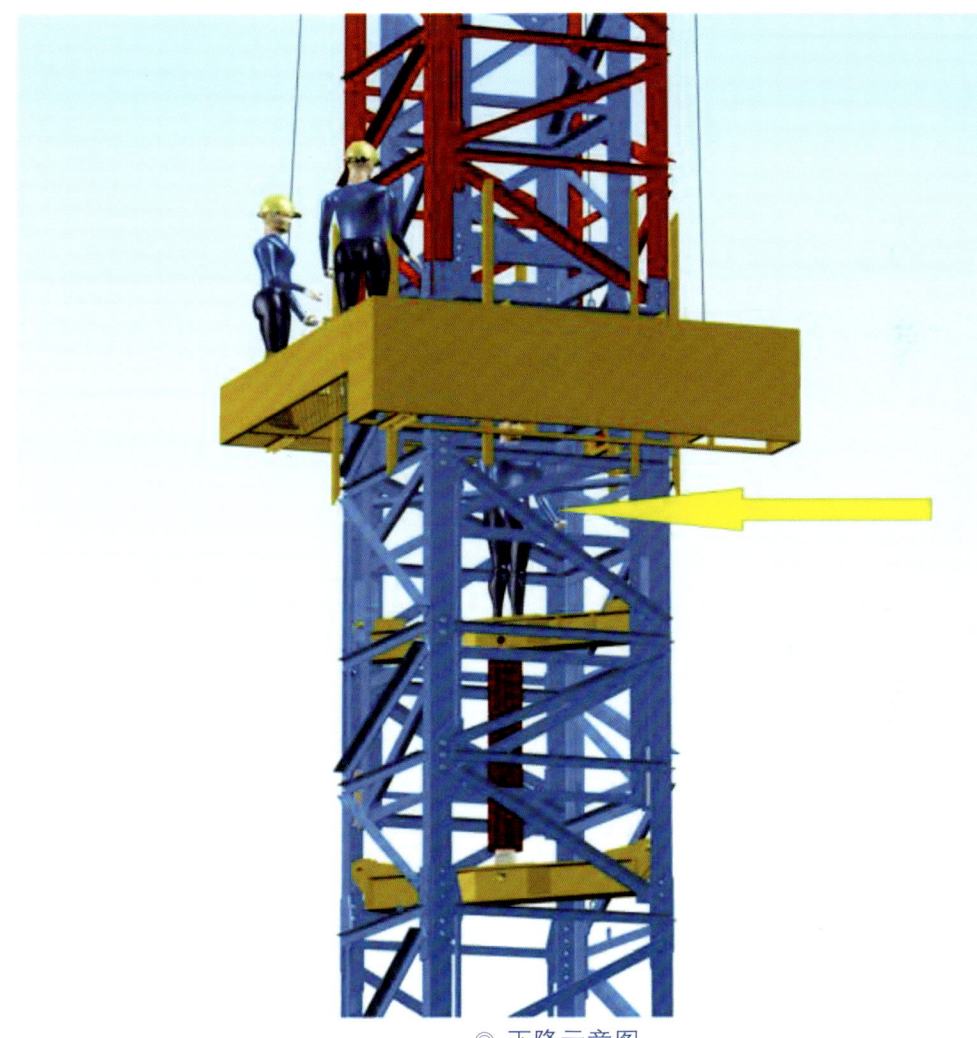

◎ 下降示意图

## 塔式起重机安拆手册

### 第八步  拆除标准节连接件

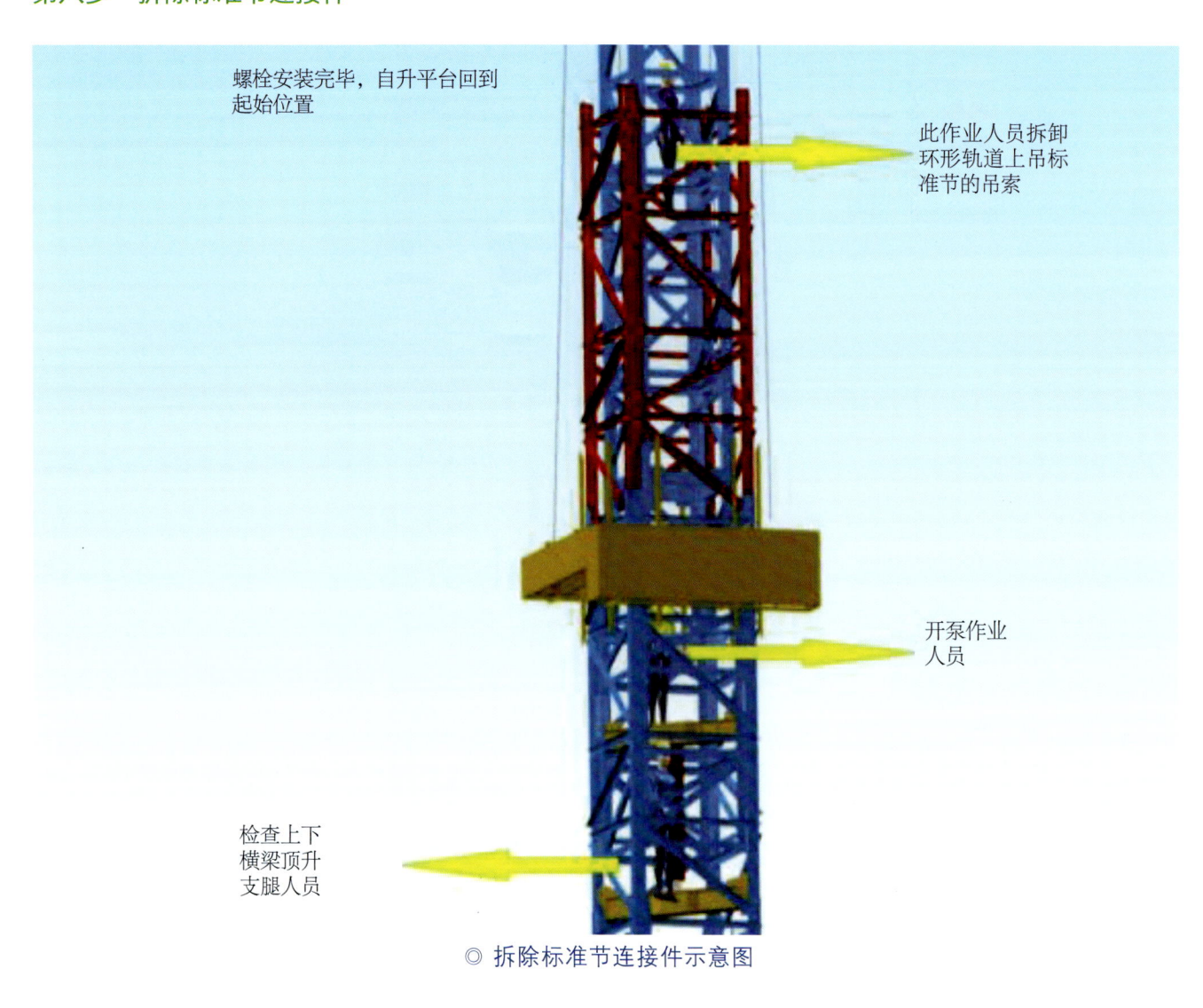

螺栓安装完毕，自升平台回到起始位置

此作业人员拆卸环形轨道上吊标准节的吊索

开泵作业人员

检查上下横梁顶升支腿人员

◎ 拆除标准节连接件示意图

**说明：**
用回转下支承架环形轨道下方的小吊钩钩住 4 片标准节，继续下降使其标准节上的小吊钩处于受力状态，解开标准节螺栓，分成 3 片 1 个节架和 1 片 1 节件（平衡臂下方为单片件）。

### 第九步　吊走标准节

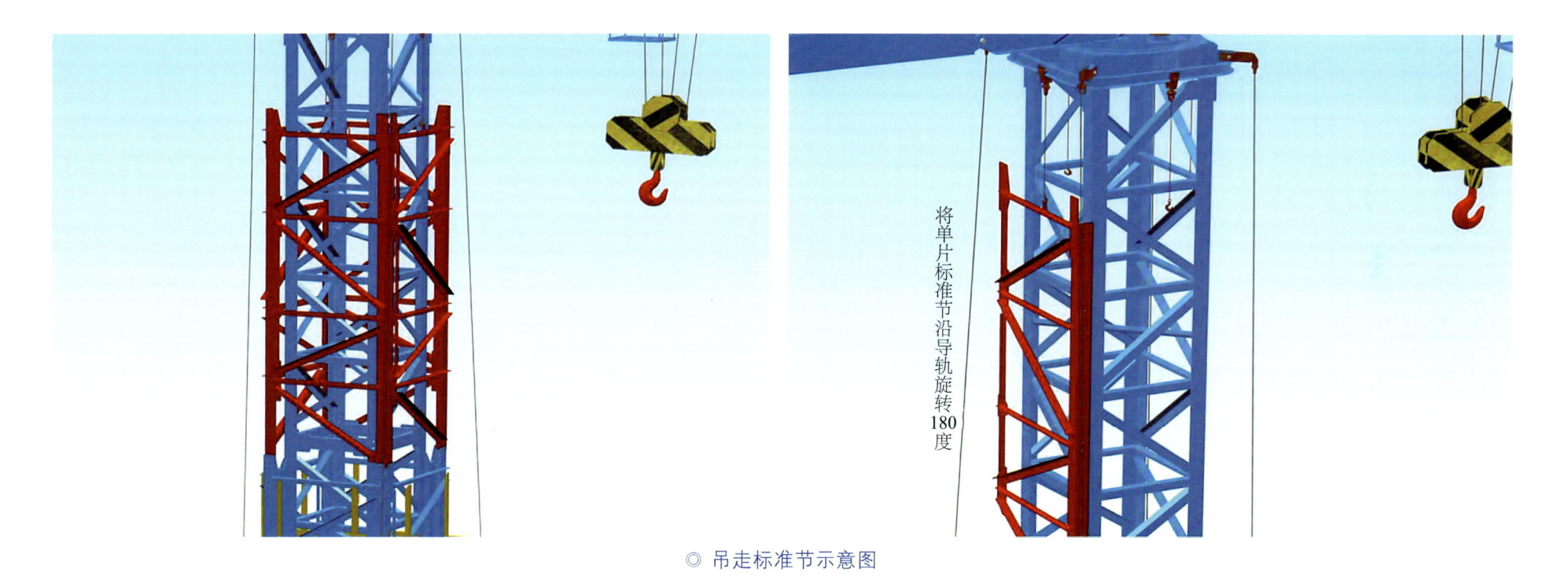

◎ 吊走标准节示意图

**说明：**

（1）开动起升机构，将顶升平衡重放至地面，用顶升专用吊钩将U形标准节架（3片拼组成）吊起，用回转下支承架环形轨道下方的小吊钩钩住，放松起升钢丝绳，并将U形标准节架（3片拼组成）吊走。

（2）用顶升专用吊钩将标准节架的1片桁架吊起，用回转下支承架环形轨道下方的小吊钩钩住，放松起升钢丝绳，并将桁架转到平衡臂一侧。

注：重复以上步骤，将塔身降至预定高度或需要辅助拆卸的高度。

## 三、附着拆卸

参照第五章平臂外套架式塔式起重机（平头、锤头）拆卸相关内容。

## 四、辅助拆卸

拆卸钢丝绳、电气、大臂和塔身参照第五章平臂外套架式塔式起重机（平头、锤头）拆卸相关内容。

# 第九章 动臂式内爬塔式起重机安拆

# 塔式起重机安拆手册

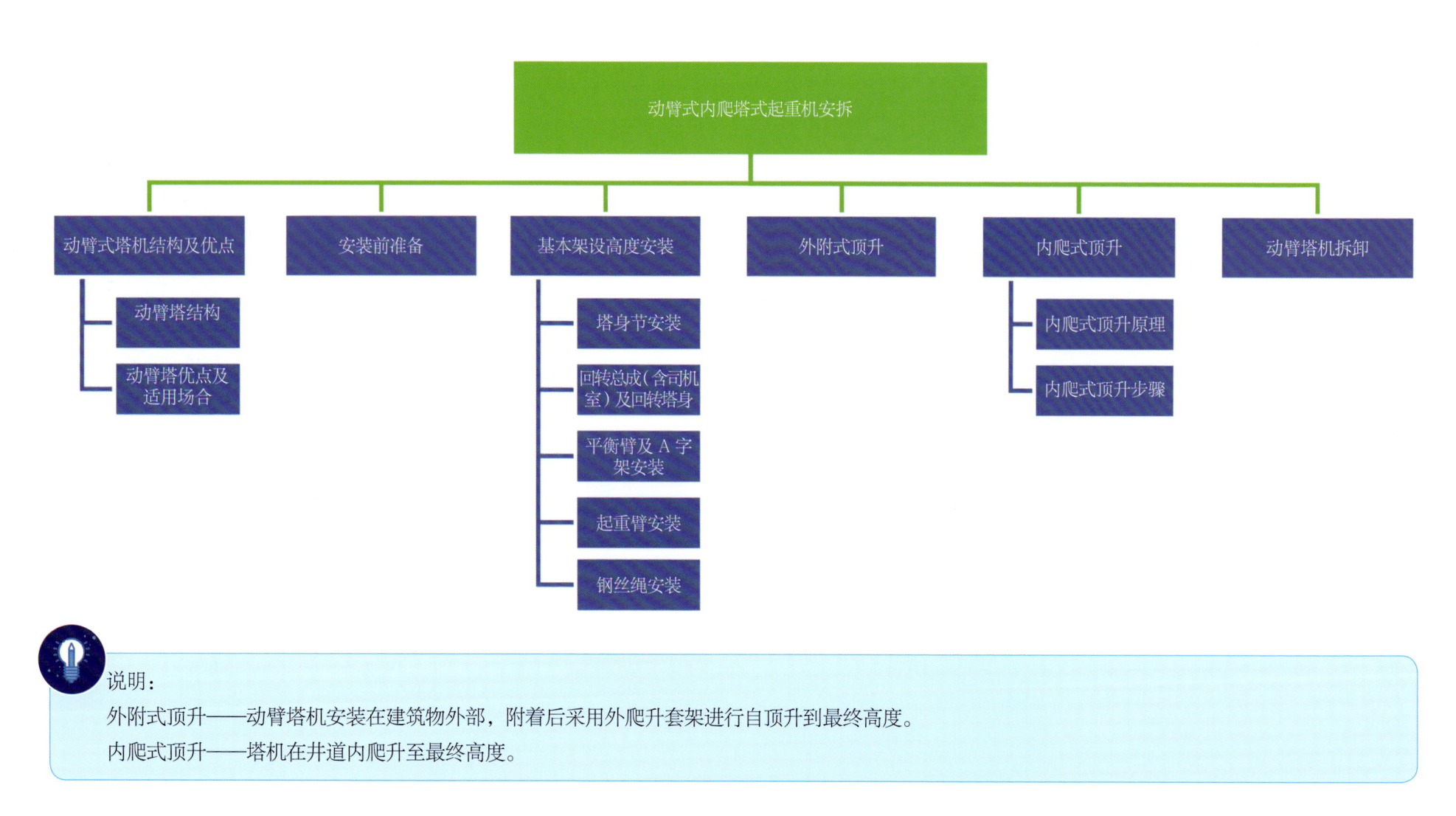

```
                    动臂式内爬塔式起重机安拆
                              │
    ┌──────────┬──────────┬────┴─────┬──────────┬──────────┐
动臂式塔机    安装前准备  基本架设高度  外附式顶升   内爬式顶升   动臂塔机拆卸
结构及优点                  安装
    │                        │                      │
 动臂塔结构              塔身节安装            内爬式顶升原理
    │                        │                      │
 动臂塔优点及         回转总成(含司机          内爬式顶升步骤
 适用场合              室)及回转塔身
                             │
                      平衡臂及 A 字
                         架安装
                             │
                        起重臂安装
                             │
                       钢丝绳安装
```

**说明：**

外附式顶升——动臂塔机安装在建筑物外部，附着后采用外爬升套架进行自顶升到最终高度。

内爬式顶升——塔机在井道内爬升至最终高度。

# 第九章 动臂式内爬塔式起重机安拆

## 一、动臂式塔机结构及优点

### （一）动臂塔结构

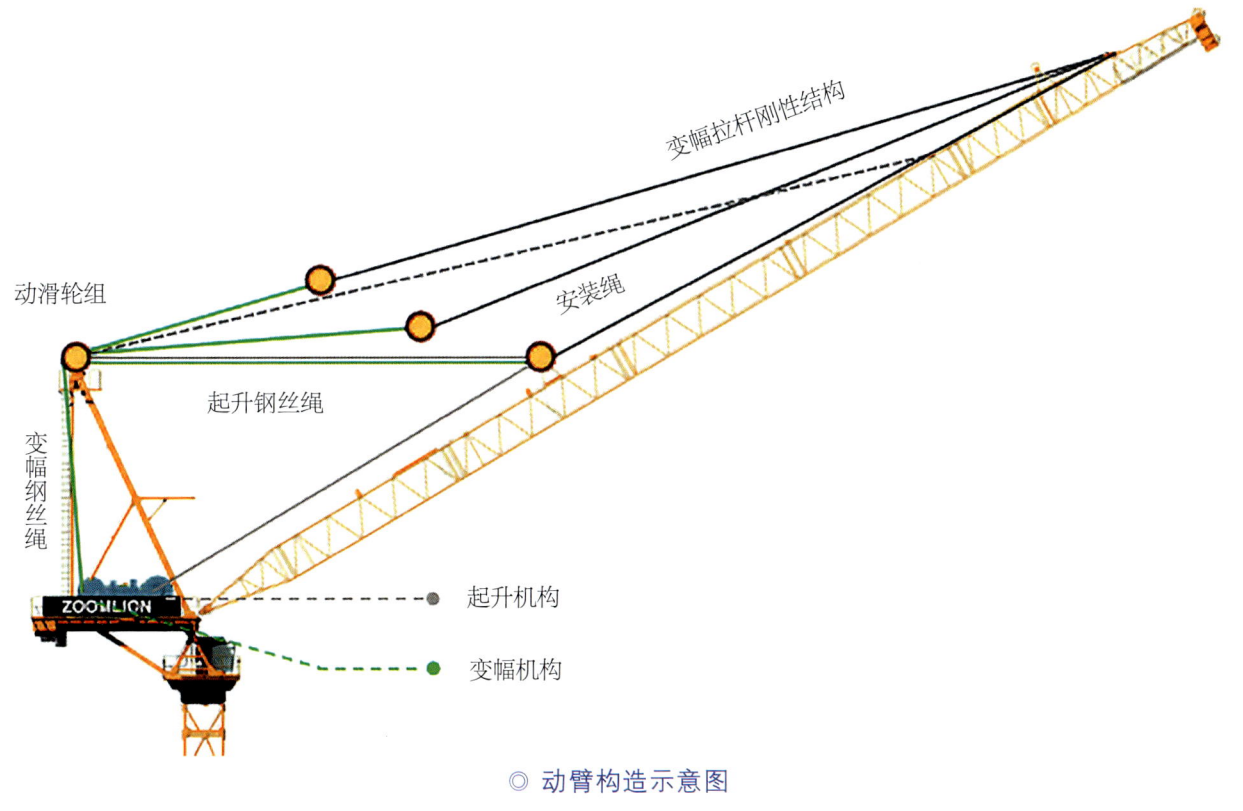

◎ 动臂构造示意图

◎ 动臂塔机实例

# 塔式起重机安拆手册

## （二）动臂塔优点及适用场合

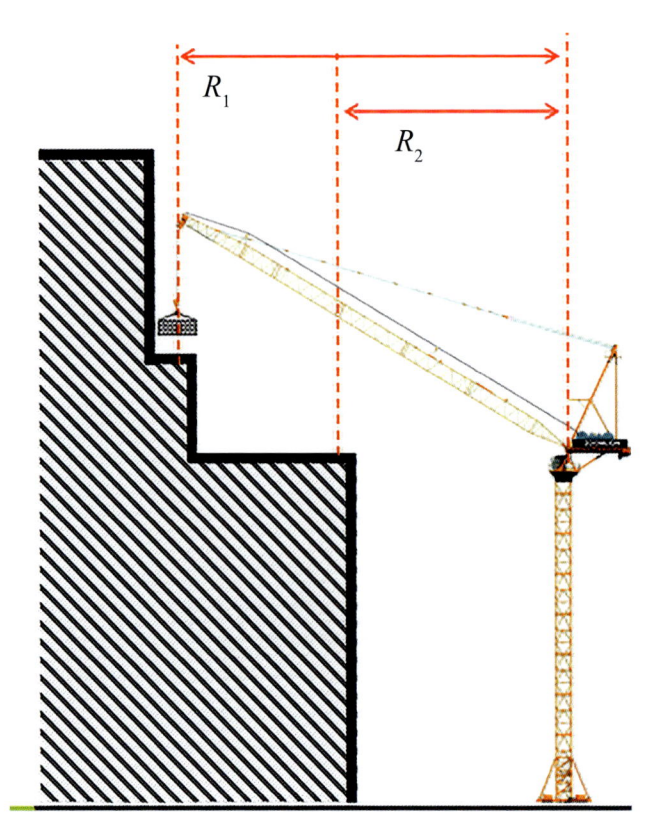

平臂塔机由于回转半径固定存在作业盲区
（如图：红色扇形区域即回转作业盲区）

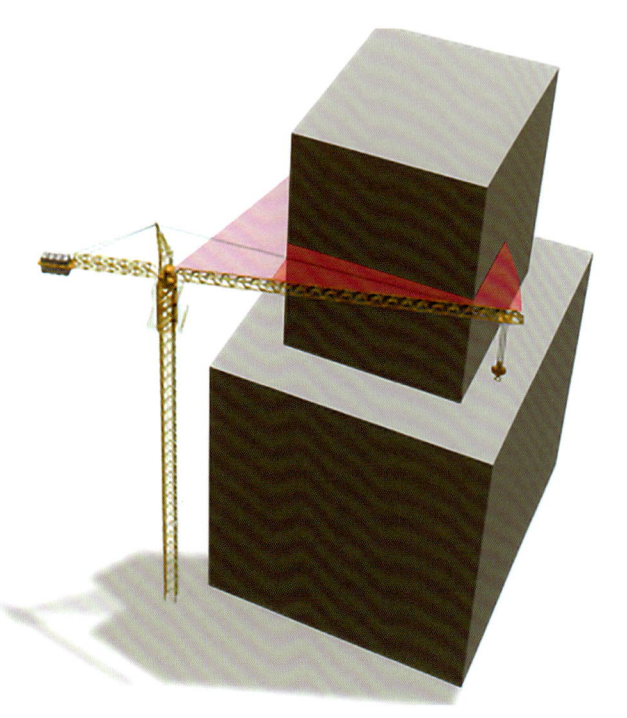

◎ 避障对比示意图

**说明：**

（1）动臂塔机避障灵活性强——回转半径可变，作业盲区小；臂架可以俯仰，适合小空间作业。

（2）易于布置，群塔作业性强——适于超高层建筑施工。

（3）鉴于动臂塔机的优点，其广泛运用于：典型的市区工地或群塔作业密集项目（回转半径受限）、超高层建筑项目。

## 二、安装前准备

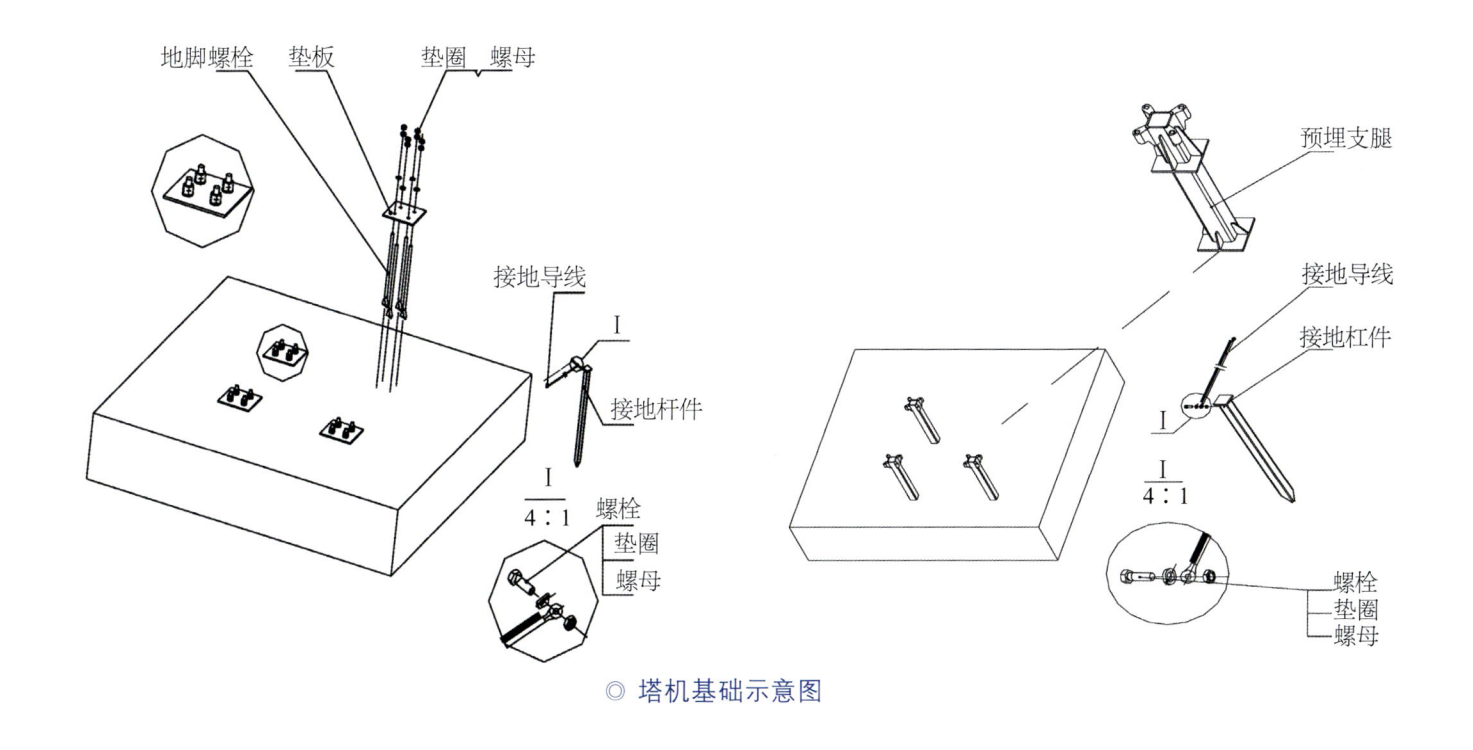

◎ 塔机基础示意图

> **说明：**
> （1）安装前准备工作：基础核查及其他安装条件准备工作参考平臂塔机。锤头塔（带塔帽）、平头塔机在本手册中统称为平臂塔机。
> （2）确保安装后的水平度小于1/1000，其中心线与水平面垂直误差小于1.5/1000。

## 三、基本架设高度安装

> 第一步　塔身节安装
> 第二步　回转总成（含司机室）、回转塔身安装
> 第三步　平衡臂及A字架安装
> 第四步　起重臂安装
> 第五步　钢丝绳穿绕

### 第一步　塔身节安装

**说明：**

（1）安装内爬基节，保证基础节中心线与水平面的垂直度≤1/1000。

（2）内爬基节与标准节的区别（见内爬基节实例：内爬基节带有2套伸缩梁，4根主弦杆都含有踏步）。

（3）安装若干数量标准节（塔身高度高于爬升架高度即可）与爬升架，安装方法参考平臂塔机。

基础节不同之处：多了2套伸缩梁

前后都有标准节踏步用内爬顶升

◎ 内爬基节实例

◎ 安装爬升套架实例

# 第九章 动臂式内爬塔式起重机安拆

### 第二步 回转总成（含司机室）、回转塔身安装

◎ 安装回转总成实例

◎ 安装司机室实例

◎ 安装回转塔身实例

**说明：**
使用合适的辅助吊装工具（如汽车吊、履带吊）依次进行回转总成、司机室、回转塔身。

回转总成安装注意事项：
引进梁方向与爬升套架开口方向一致。

### 第三步　平衡臂及 A 字架安装

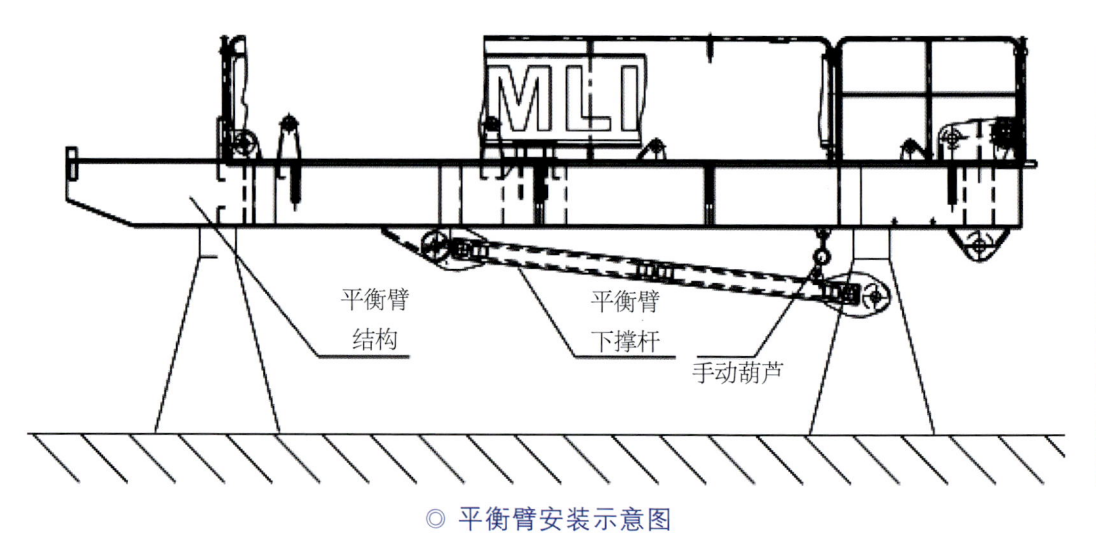

◎ 平衡臂安装示意图

◎ 平衡臂实例

**说明：**
使用辅助吊装工具安装平衡臂总成：需在地面时先把平衡臂撑杆与平衡臂之间用手动葫芦进行连接好，安装时先安装与回转塔身上端连接销轴，然后使用手动葫芦进行撑杆与回转塔身销轴连接。

◎ A字架示意图

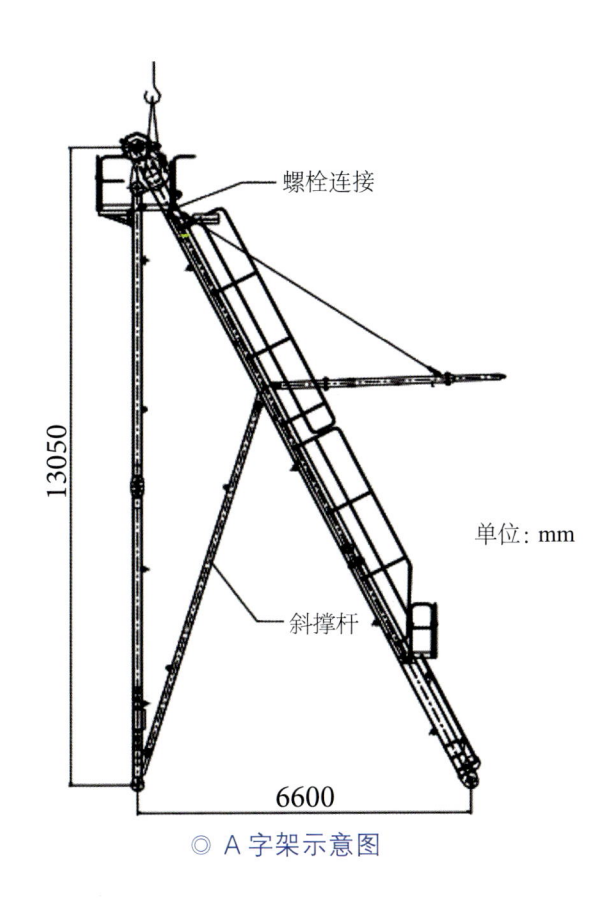

◎ 安装部分平衡重实例

**说明：**

（1）安装A字架总成：A字架总成需要在地面上拼装完成。

（2）依次安装起升机构、动力包、变幅机构。

（3）根据说明书要求安装部分平衡重。

## 第四步　起重臂安装

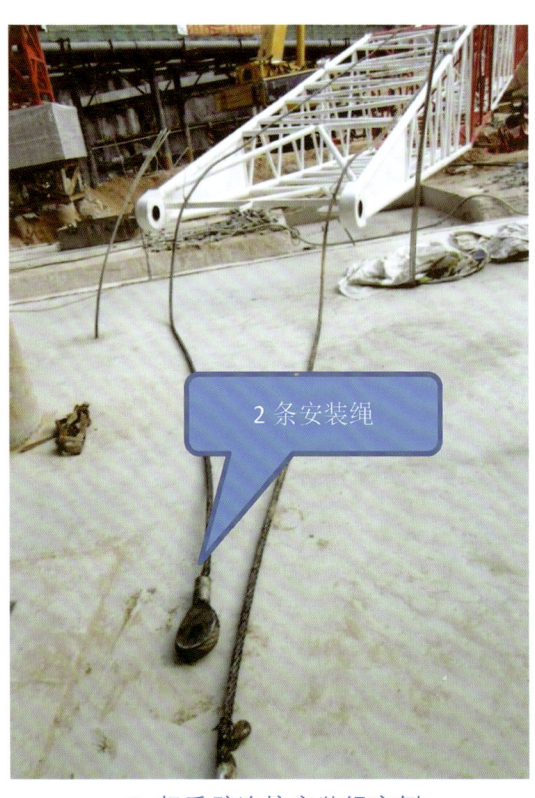

◎ 拼接起重臂实例　　　◎ 起重臂连接安装绳实例　　　◎ 拼接起重臂拉杆实例

（图中标注：2条安装绳；起重臂拉杆及拉板架）

**说明：**
（1）按说明书要求在地面拼接起重臂、起重臂拉杆、连接安装绳与起重臂。
（2）起重臂拼接完成后，根据使用说明书提供吊点（近似值）进行试吊，如不平衡则进行微调，并且记录好吊点位置。

# 第九章　动臂式内爬塔式起重机安拆

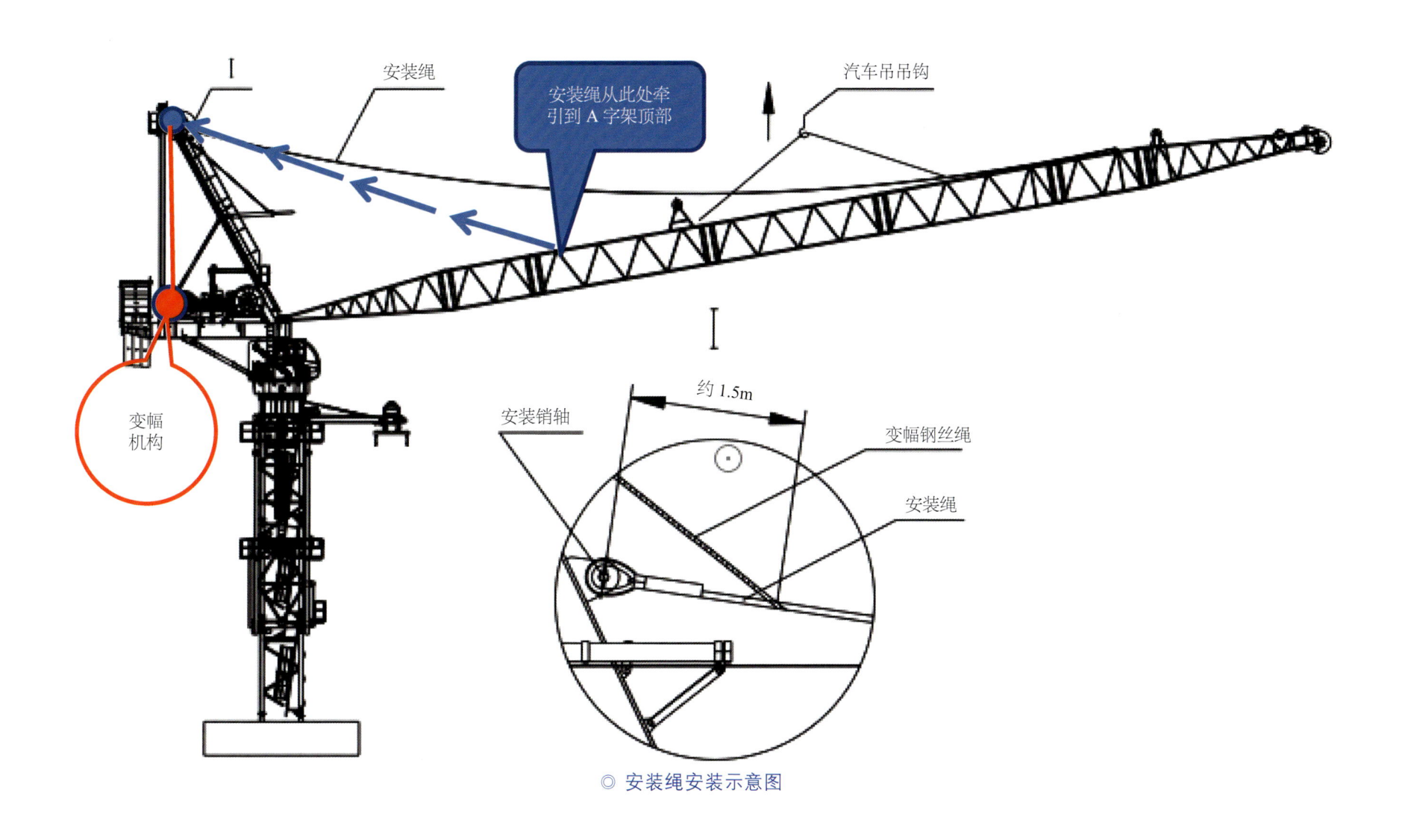

◎ 安装绳安装示意图

# 塔式起重机安拆手册

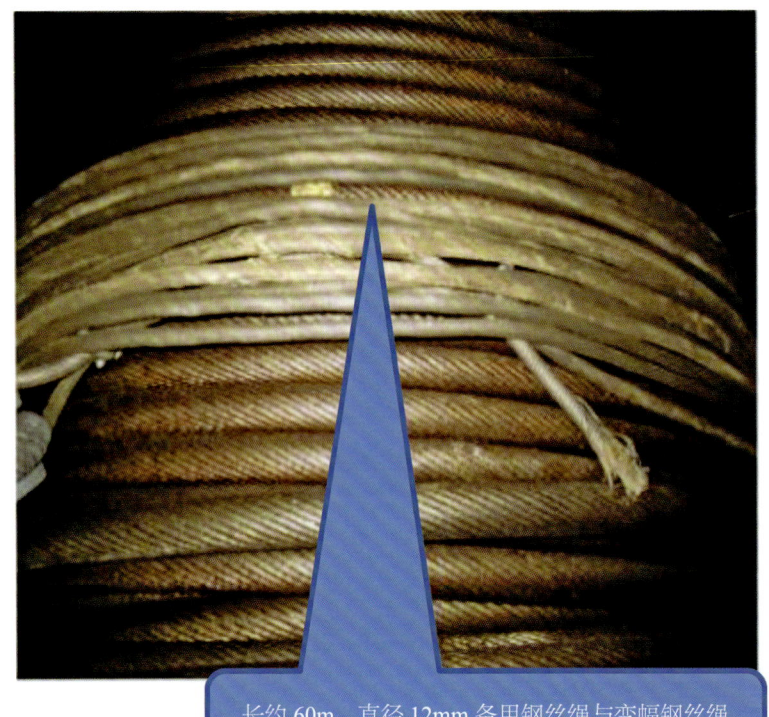

长约 60m、直径 12mm 备用钢丝绳与变幅钢丝绳连接，缠绕在变幅卷筒上

◎ 备用绳与 A 字架连接实例

**说明：**

安装安装绳：

（1）使用辅助吊装工具吊起起重臂，销轴连接起重臂与回转塔身。

（2）控制起重臂水平角度在 10°～15°之间。

（3）需提前备一根长约 60m、直径 12mm 的备用钢丝绳（因变幅钢丝绳与起升钢丝绳直径较大，重量较重）与变幅钢丝绳用绳卡扣连接，开动变幅机构缠绕在变幅卷筒上面。

（4）使用变幅机构把备用绳穿过 A 字架顶部滑轮与安装绳连接，开动变幅机构把安装绳从起重臂拉到 A 字架顶部位置销轴连接。

第九章 动臂式内爬塔式起重机安拆

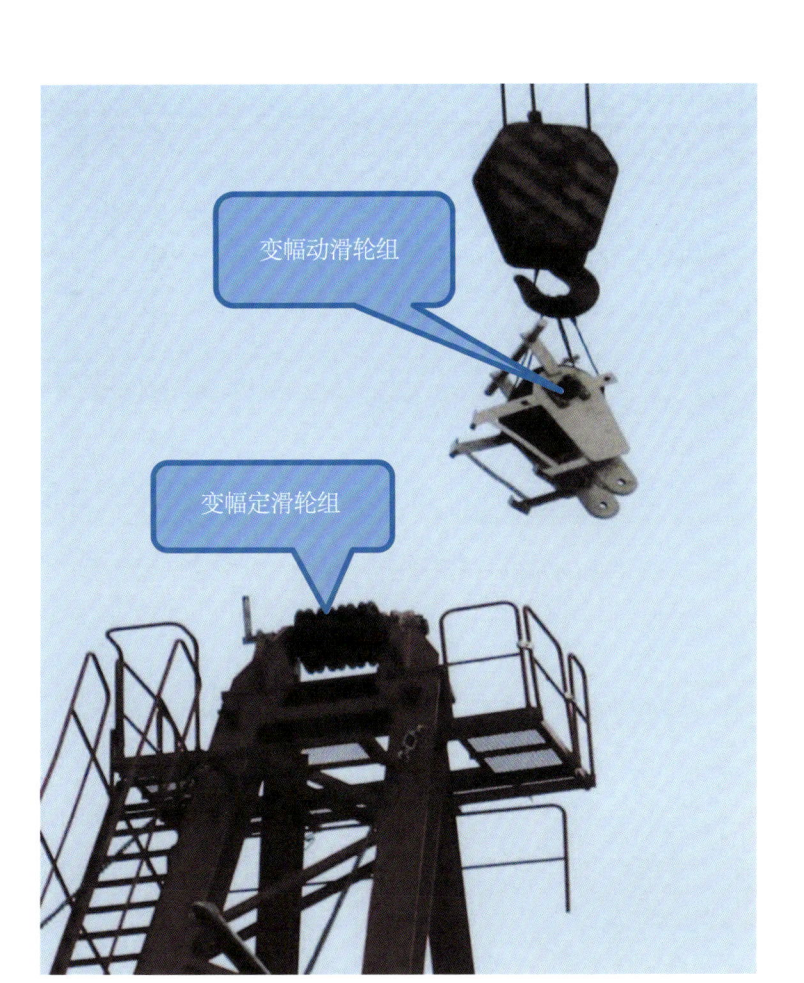

◎ 变幅动滑轮组固定于 A 字架顶部实例

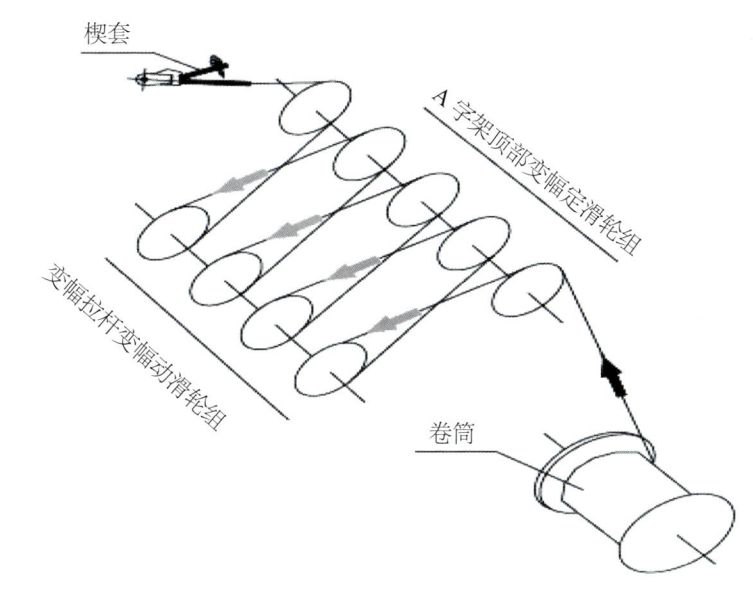

◎ 变幅钢丝绳与动滑轮组绕绳方式示意图

**说明：**

安装变幅拉杆：

（1）吊装变幅动滑组至 A 字架顶部并固定。

（2）把变幅钢丝绳拉到 A 字架顶部并根据说明书绕绳方法进行动滑轮组与定滑轮组穿绳。

143

## 塔式起重机安拆手册

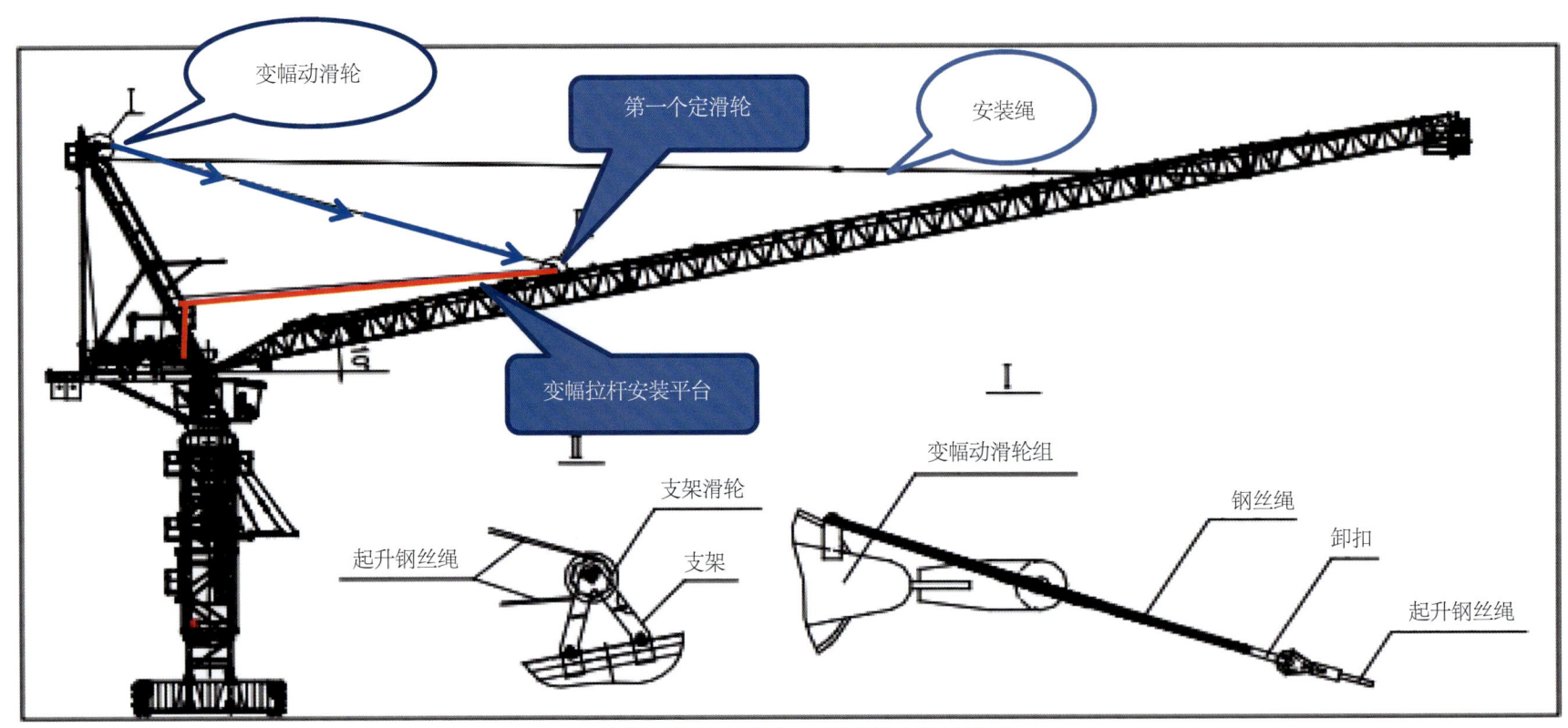

◎ 连接起升钢丝绳与变幅动滑轮组示意图

（3）重新把备用绳与起升钢丝绳用卡扣连接并缠绕在起重卷筒上，放绳从起重臂第一个定滑轮由下往上绕，并固定于变幅动滑轮组上。

变幅拉杆安装平台

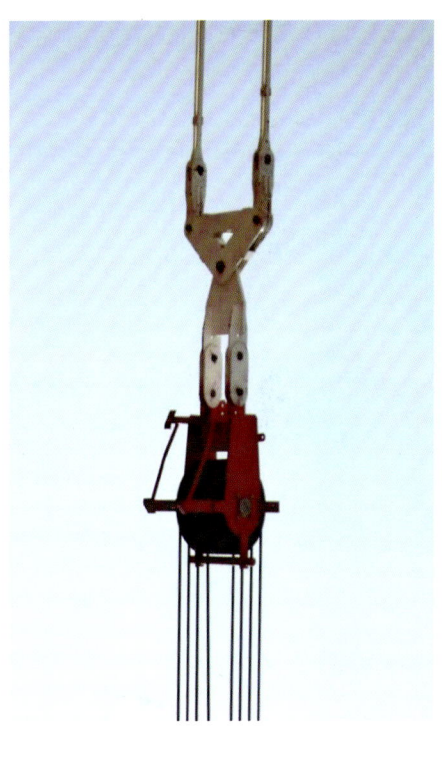

（4）起升机构缓慢收绳，待备用牵引绳稍微受力后，拆除变幅动滑轮组与A字架的固定耳板，使变幅滑轮组松开。

（5）变幅机构缓慢放绳，起升机构缓慢收绳，慢慢将变幅动滑轮组牵引至起重臂变幅拉杆安装平台。拆除备用牵引钢丝绳，用销轴将变幅滑轮组与拉杆连接板连接好。

（6）安装剩余平衡重。

### 第五步　钢丝绳安装

建议使用吊车等工具将起升钢丝绳拉至臂尖

**说明：**
（1）建议使用吊车等工具将起升钢丝绳拉至臂尖。
（2）按说明书要求将起升钢丝绳穿绕滑轮后放至地面，穿好吊钩，通过起吊工具将起升钢丝绳端部吊到臂尖，完成起升钢丝绳、吊钩的安装。

## 四、外附式顶升

参考第四章平臂外套架式塔式起重机（平头、锤头）安装相关内容。

## 五、内爬式顶升

▶（一）内爬式顶升原理

**说明：**

（1）内爬框分上、中、下内爬框架，中内爬框架上安装液压顶升系统。

（2）内爬框在顶升过程中的变化：工作时塔机固定在中内爬框、上内爬框。爬升时先把下内爬框移到最上一层内爬框安装位置固定好，液压顶升系统移至上一层内爬框安装。此时塔身安装了上、中、下3层内爬框架，原中内爬框变成下内爬框，上内爬框变成中内爬框。内爬框、液压顶升系统位置变化如左图所示。

（3）完成一次爬升后，下内爬框处于悬空状态，二次顶升前需要把液压顶升系统通过辅助工具移至上一层框架安装，下内框再次移到最上一层内爬框安装位置固定好，再进行顶升。

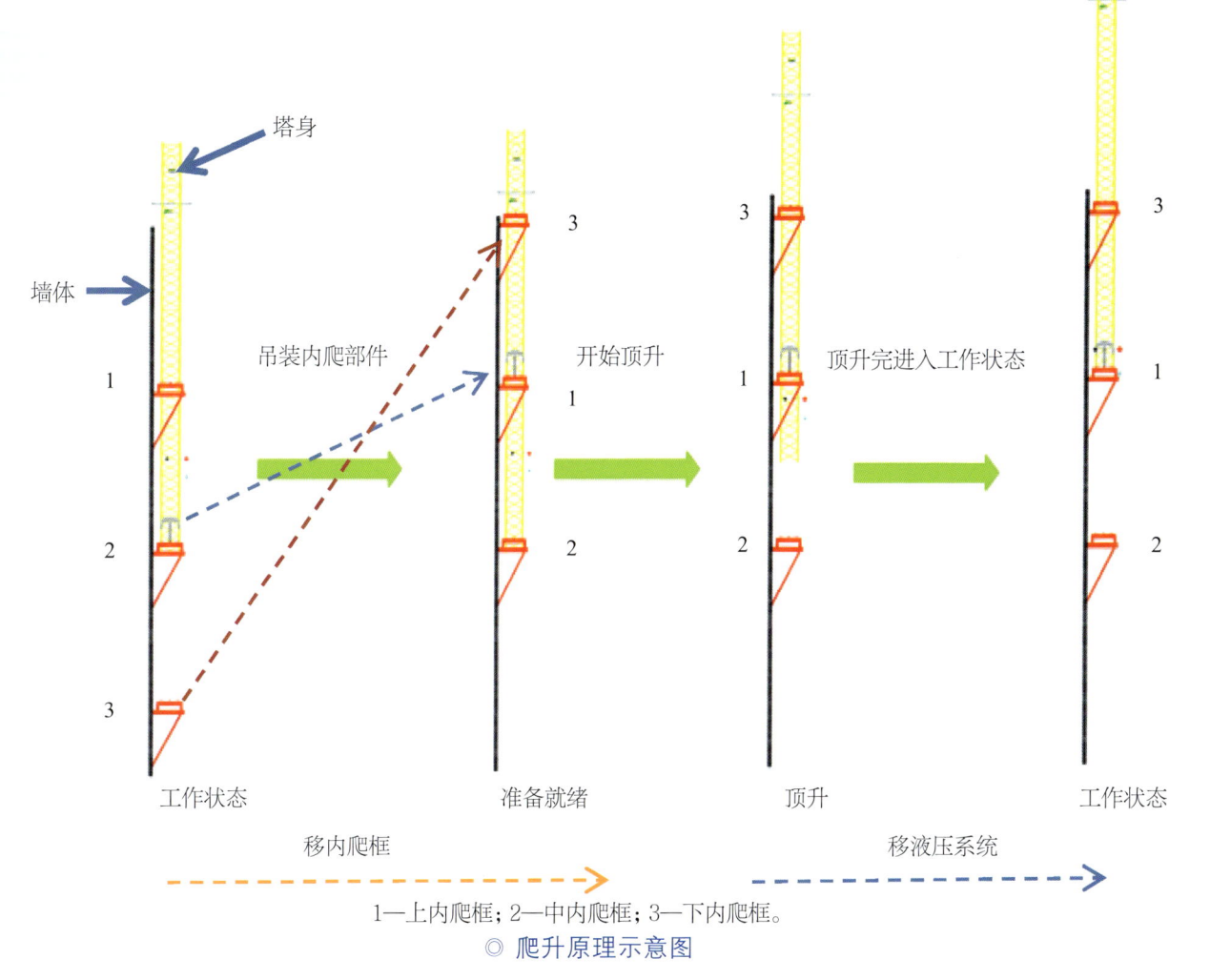

1—上内爬框；2—中内爬框；3—下内爬框。

◎ 爬升原理示意图

## 塔式起重机安拆手册

### （二）内爬式顶升步骤

第一步　内爬框架安装
第二步　液压顶升系统安装
第三步　放电缆
第四步　调间隙
第五步　爬升前核查
第六步　液压系统检查
第七步　配平
第八步　开始爬升
第九步　固定塔身

#### 第一步　内爬框架安装

**说明：**

（1）牛腿安装：牛腿固定方式可根据现场自行确定。

（2）内爬承重梁通过螺栓方式固定安装于牛腿上。

（3）依次安装上、中、下内爬框架。

（4）安装过程注意检查各销轴、开口销是否到位，螺栓预紧力是否达到说明书要求。内爬框的4个安装面平面度误差在1/1000之内。

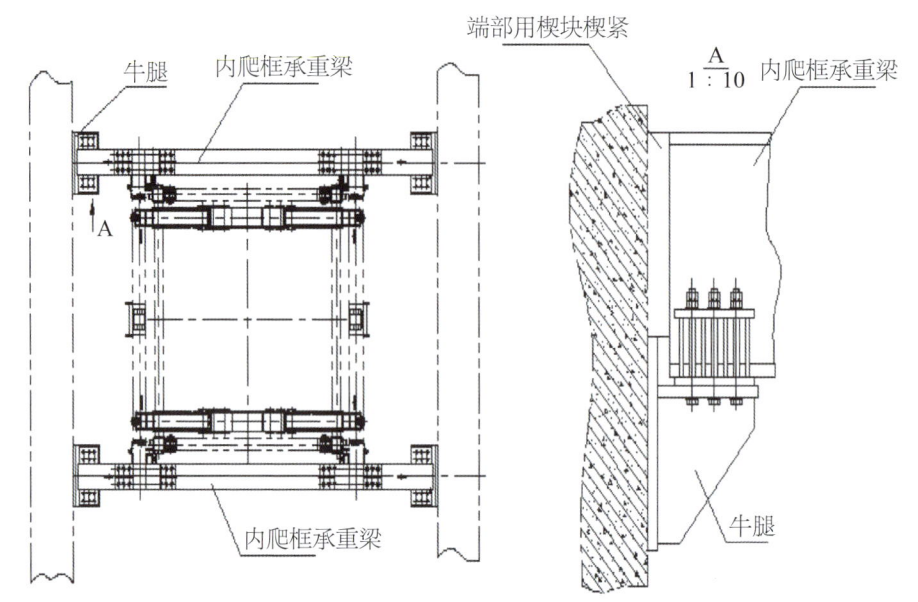

◎ 内爬框架固定及牛腿固定示意图

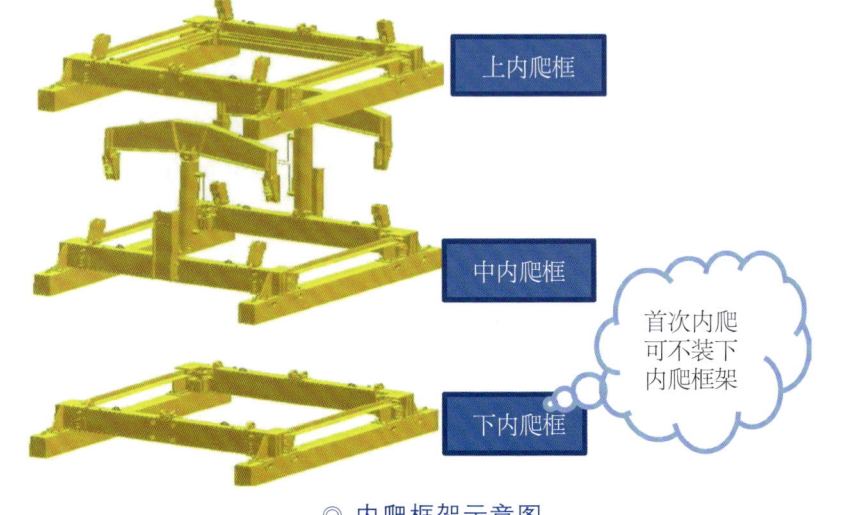

首次内爬可不装下内爬框架

◎ 内爬框架示意图

## 第二步　液压顶升系统安装

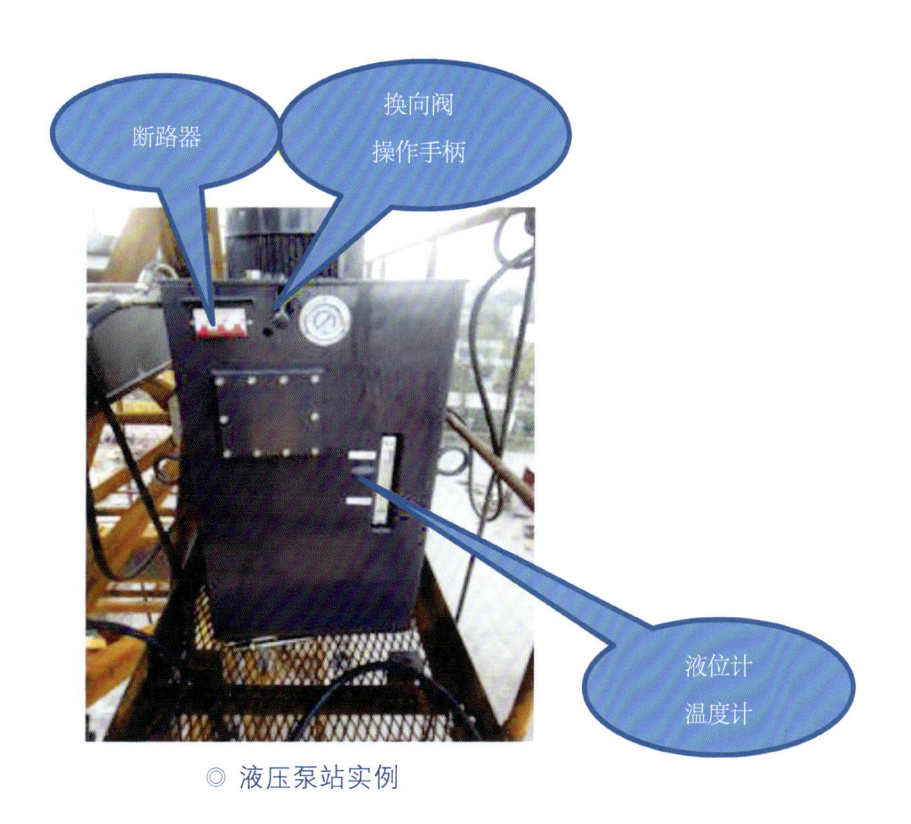

◎ 液压泵站实例

（标注：断路器、换向阀操作手柄、液位计温度计）

◎ 油缸安装实例

**说明：**
（1）吊装顶升泵站至中层框位置，连接油缸与泵站油管，注意油管连接方向应与说明书一致。
（2）泵站通电，注意电机运转方向（顺时针方向转运），缓慢伸出油杆，连接油杆与顶升横梁。

### 第三步　放电缆

根据爬升高度，放松电缆线长度略大于爬升高度，并紧固电缆，注意松散电缆摆放，防止在爬升过程中电缆线与其他结构干涉。

### 第四步　调间隙

滚轮

顶块

**说明：**
调整所有内爬框架滚轮、顶块与标准节主弦杆间隙：滚轮 2～3mm，顶块受力状态。

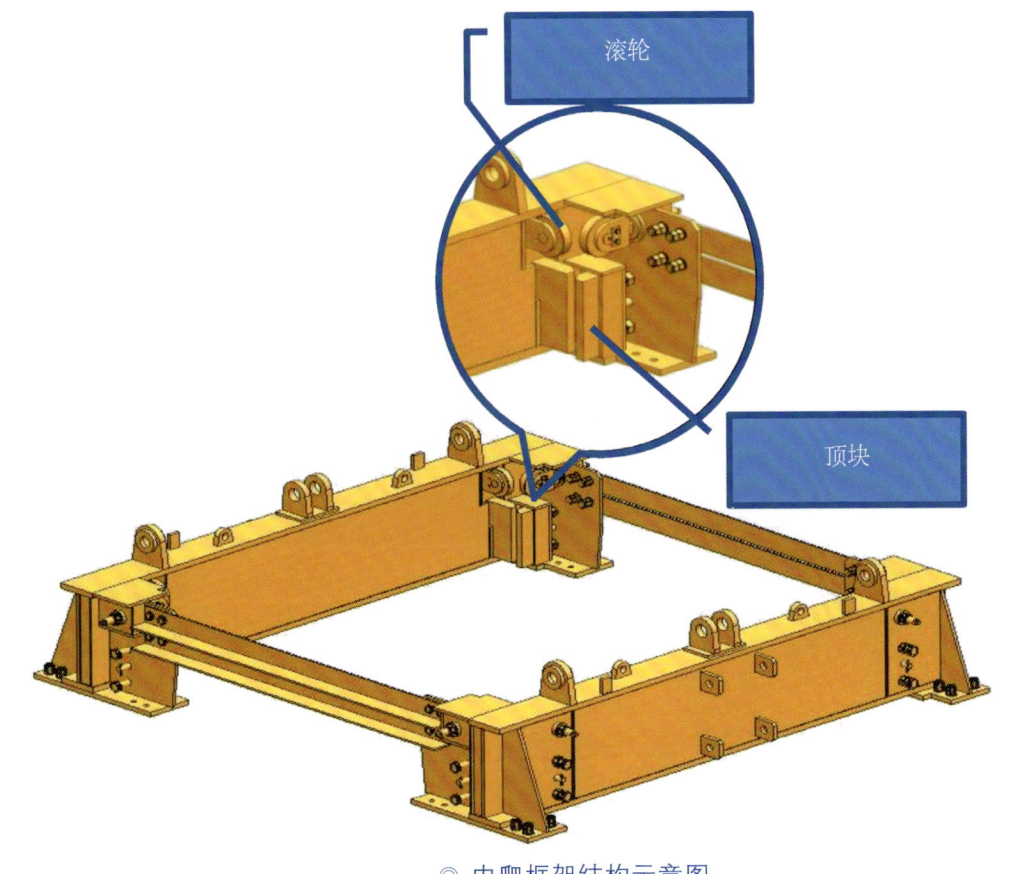

◎ 内爬框架结构示意图

# 第五步　爬升前核查

**说明**

（1）查设备：清理各塔身节，防止导轮滚动时与塔身上的杂质如水泥灰发生干涉，否则顶升时可能出现卡死现象。所有紧固螺栓、销轴、开口销是否按要求安装到位。回转制动是否有效。

（2）查现场：检查内爬井是否存在塔身顶升过程干涉问题。

（3）查电源：确定设备在爬升过程中电源正常。

◎ 塔身位于井道实例

### 第六步　液压系统检查

参考平臂塔机。

### 第七步　配平

◎ 初次力矩配平实例

◎ 滚轮间隙实例

**说明：**

（1）回转制动：首先将塔机起重臂转至与顶升油缸垂直的方向，并回转制动。

（2）初次力矩配平：将起重臂转到两油缸连线垂直的方向并吊起配重（具体见说明书），说明书中起重臂的位置及吊重是近似值。

（3）二次力矩配平：松开内爬框架的塔身顶块，微调起重臂来找平衡，使每个导轮与塔身主弦杆的间距为 2～3mm，此时可以认为是配平衡了。

第九章　动臂式内爬塔式起重机安拆

### 第八步　开始爬升

**说明：**
操作换向阀手柄，伸出油缸，塔身缓慢爬升，直到踏步位于换步装置的上方。

换步装置紧贴标准节主弦杆，然后回缩油缸

**说明：**
将换步装置向前旋转贴紧标准节主弦杆，然后回缩油缸，使踏步落在换步装置上。

◎ 伸出油缸实例

◎ 换步装置紧贴主弦杆实例

## 塔式起重机安拆手册

**说明：**

（1）抽出顶升挂板上的安全销，继续回缩油缸，顶升挂板与踏步底面分离 10mm 左右时，停留 10min，检查一切正常后，继续缩回油缸将顶升挂板落在下方最近的一组踏步上。

（2）重复开始爬升步骤，直至内爬基节中的伸缩梁下底面高于内爬框架上腹板的位置。

◎ 爬升过程实例

第九章 动臂式内爬塔式起重机安拆

## 第九步 固定塔身

◎ 伸缩梁固定实例

◎ 顶块紧贴主弦杆实例

**说明：**
（1）拉出伸缩梁，操作液压装置回缩油缸，使内爬基节中的伸缩梁下底面缓慢地落在内爬框架上腹板。
（2）固定塔身：调节塔身顶块，顶紧塔身。至此首次顶升结束，塔身可进入工作状态。

## 六、动臂塔机拆卸

（1）根据现场工况，采用塔机自顶升降节方式降至楼面高度（外套架降塔方式参考平臂塔机）。

（2）根据设备部件的单件重量选择辅助吊装工具拆卸。

（3）拆卸顺序（注意事项及细节可参考平臂塔机教程，严禁违反操作程序）：

① 根据说明书要求拆除部分平衡重；

② 拆卸起升钢丝绳与吊钩；

③ 连接安装绳与 A 字架；

④ 拆卸变幅拉杆；

⑤ 拆卸安装绳；

⑥ 拆卸起重臂总成；

⑦ 拆卸剩余平衡重；

⑧ 拆卸 A 字架；

⑨ 拆卸平衡总成；

⑩ 拆卸回转塔身；

⑪ 拆卸回转支座总成及司机室；

⑫ 拆卸爬升套架；

⑬ 拆卸塔身节；

⑭ 拆卸内爬框架。